I0035174

LES
ARBRES FRUITIERS

MANUEL POPULAIRE

DE CULTURE, MARCOTTAGE, BOUTURAGE, GREFFAGE
ET TAILLE

PAR P. JOIGNEAUX

cultivateur,
auteur de : *les Champs et les Prés*, *les Conseils à la Jeune Fermière*,
les Instructions agricoles,
l'Art de produire les bonnes graines, etc.
rédacteur de la *Feuille du Cultivateur*.

ORNÉ DE III GRAVURES
ET ACCOMPAGNÉ DU PORTRAIT DE J.-B. VAN MONS.

BRUXELLES
LIBRAIRIE AGRICOLE D'ÉMILE TARLIER
Éditeur de la Bibliothèque rurale
MONTAGNE-AUX-HERBES-POTAGÈRES, 47.

1859

LES

ARBRES FRUITIERS

DICTIONNAIRE

D'AGRICULTURE PRATIQUE,

COMPRENANT

tout ce qui se rattache à la grande culture, au jardinage,
à la culture des arbres et des fleurs, à la médecine humaine et vétérinaire,
à la botanique, à l'entomologie, à la géologie,
à la chimie et à la mécanique agricoles, à l'économie rurale, etc.

PAR P. JOIGNEAUX

cultivateur, auteur de :

les Champs et les Prés, les Instructions agricoles, les Conseils à la jeune fermière,
l'Art de produire les bonnes graines, etc., etc.

et CH. MOREAU,

Docteur en médecine, auteur du *Médecin des Campagnes*.

Deux forts volumes grand in-8° à deux colonnes, avec gravures.

Prix : 20 francs.

*Des livres spéciaux ont été publiés sur la plupart des matières agricoles,
mais fussent-ils parfaits à leur point de vue, ces livres ont un grand inconvénient pour le cultivateur. En effet, on ne s'occupe pas uniquement de grande
culture dans une maison d'exploitation bien conduite; on s'y occupe d'élève du
bétail, d'engraissement, de jardinage, d'arbres fruitiers, d'oiseaux de basse-
cour; on y élève des abeilles souvent, des vers à soie quelquefois; on y donne
même des soins aux plantes d'agrément. Or, il est évident que, pour s'éclairer
sur tout cela, on peut recourir à chacun des ouvrages traitant séparément de ces
diverses matières, mais avant de mettre la main sur la page dont on a besoin
dans un moment donné, il faudra ou feuilleter des volumes, ou parcourir de
l'œil des tables de matières qui ne finissent point. Voilà l'inconvénient. A la
campagne, plus peut-être qu'à la ville, le temps est précieux, et l'on ne consent
guère à chercher qu'à la condition de trouver vite. C'est précisément cette
considération qui a suggéré l'idée de simplifier le travail des recherches en
plaçant sous le même couvert, dans un même ouvrage, et par ordre alphabétique,
ce qui peut intéresser le cultivateur.*

HOMMAGE DE L'AUTEUR

à la mémoire de

J. B. VAN MONS.

LES

ARBRES FRUITIERS

MANUEL POPULAIRE

DE CULTURE, MARCOTTAGE, BOUTURAGE, GREFFAGE
ET TAILLE.

PAR P. JOIGNEAUX,

cultivateur,

auteur de : *les Champs et les Prés*, *les Conseils à la Jeune Fermière*,
les Instructions agricoles,
l'Art de produire les bonnes graines, etc.
rédacteur de la *Feuille du Cultivateur*.

ORNÉ DE III GRAVURES.

BRUXELLES,

LIBRAIRIE AGRICOLE D'ÉMILE TARLIER
Éditeur de la Bibliothèque rurale
MONTAGNE-AUX-HERBES-POTAGÈRES, 47.

BRUXELLES. — TYP. DE VEUVE J. VAN BUGGENHOUDT,
Rue de Schaerbeek, 12.

LES

ARBRES FRUITIERS.

I

DES TERRAINS ET DES ENGRAIS QUI CONVIENNENT ET DE CEUX QUI NE CONVIENNENT PAS.

Je ne fais cette publication ni pour les pépiniéristes, ni pour les amateurs éclairés ; je m'adresse tout simplement à ceux qui n'ont rien vu ni lu de ce qui concerne la culture des arbres fruitiers. J'ai mes raisons pour cela ; bonnes ou mauvaises, je les garde et n'en parle à personne, attendu que jeter au papier des paroles inutiles, c'est voler le temps du bon Dieu.

J'entre donc tout de suite en matière.

Avant d'acheter une bête en foire, pour la nourrir et l'élever, on s'assure naturellement l'écurie et
le fourrage. Pour les arbres, que l'on veut élever
et nourrir, il convient de même de s'assurer le sol
et les vivres. Commençons par le sol ; nous conti-
nuerons par les vivres en question.

Il y a terrain et terrain, celui-ci bon, celui-là
médiocre ou mauvais ; l'un bien exposé au soleil,
l'autre mal exposé, battu des vents du nord ou du
couchant. Mais, comme nous n'avons pas toujours
le choix, servons-nous de celui que nous avons
sous la main, et contentons-nous de ce qu'il nous
donnera. Ne réunit pas qui veut toutes les qualités,
et n'a pas non plus qui veut la facilité d'arranger
les choses au gré de la théorie. Si nous écoutions
les livres, nous ne sortirions pas aisément d'affaire.

Les terres par excellence sont celles qui ont de
la profondeur, qui se laissent travailler facilement,
qui permettent à l'air de passer, à l'eau de s'infil-
trer, aux racines de s'étendre. Et plus ces terres
contiennent de substances variées, de choses et
d'autres, mieux elles valent.

Il y a des terres très-profondes, d'un grain très-
fin, mais qui n'en sont pas moins très-serrées, et
qui ne laissent passer facilement ni l'eau ni l'air, et
sont loin par conséquent de valoir les premières.

Il y a des terres de mauvaise mine, cailllouteuses
ou graveleuses, qui, sans être de qualité supérieure, ne sont pas à dédaigner pour la culture des
arbres fruitiers.

Les seules vraiment désavantageuses sont les
terres trop mouillées, argiles fortes, terres maré-
cageuses ou tourbeuses, et aussi les terres trop
sèches, sablonneuses et crayeuses. D'un côté, les
arbres poussent trop en bois ou souffrent de l'excès

d'eau qui noie et pourrit les racines; d'un autre côté, ils souffrent de la soif, ne se développent qu'à regret et sont exposés à mourir durant les sécheresses prolongées. Vous remarquerez aussi que, dans les terres mouillées, les fruits prennent un goût de vase, et que dans les terres trop sèches, beaucoup deviennent pierreux et restent petits.

Avons-nous besoin d'ajouter que les terres qui ont porté des arbres ne doivent plus en recevoir d'autres à la même place. Où ceux-là ont bien vécu, ceux-ci ne sauraient que pâtir.

Ce n'est cependant pas une raison pour condamner les terres trop humides, les terres trop sèches et les terres usées. Vous ouvrirez des fossés profonds dans les premières, ou bien vous les drainerez avec des pierres ou des tuyaux, afin d'en chasser l'excès d'eau et d'y faire entrer l'air. Vous enfouirez des récoltes vertes dans les secondes et les fumerez avec du fumier frais d'étable et de porcherie, afin de leur donner un peu de corps et de fraîcheur. Vous remplacerez la terre usée, dans les troisièmes, avec de la terre nouvelle et de bonne qualité.

Nous reparlerons de toutes ces choses en traitant de la transplantation; pour le moment, nous n'ajouterons plus qu'une seule recommandation, celle de bien préparer le terrain. La plupart du temps, nous ne prenons point cette peine; nous nous bornons à ouvrir des fosses quand approche le moment de planter; nous ferions beaucoup mieux de défoncer d'abord à un mètre de profondeur, en ayant soin de rejeter, au fur et à mesure de l'opération, la bonne terre en dessous et la terre neuve en dessus. C'est long, sans doute, mais aussi c'est de la peine placée à gros intérêt.

La terre où nous mettons les arbres contient de

la nourriture, plus ou moins, nourriture que les racines prennent et usent peu à peu nécessairement. Il s'ensuit que, pour bien faire les choses, on doit réparer les pertes, remettre des vivres à la place de ceux qui s'en vont. Beaucoup s'en dispensent et n'ont pas raison.

D'aucuns vous diront d'un air convaincu : — Une petite fumure est de nécessité au pied des arbres, tous les deux ou trois ans, pas davantage. Pour notre compte, nous n'admettons point cette manière de rationner les végétaux, et nous disons de notre côté :

Fumez copieusement les arbres qui souffrent pour avoir porté et nourri trop de fruits. Ils ont besoin de se rétablir.

Fumez copieusement ceux qui sont chargés de bourgeons à fleurs, si vous voulez que les fruits nouent et que la séve suffise.

Fumez de même ceux dont les feuilles pâlissent ou jaunissent, pour que leur nourriture appauvrie s'améliore.

Fumez après une année pluvieuse, parce que les eaux du ciel ont lessivé le terrain et entraîné les sels au delà des racines, et qu'il convient de refaire avec l'engrais ce qui a été défait avec l'eau pure.

Fumez au moment de la transplantation, pour assurer et faciliter la reprise.

Fumez plus dans les terres légères que dans les terres consistantes, plus dans le nord que dans le midi, plus sous les climats brumeux que sous les climats secs.

Ne fumez pas, à la suite des années sèches, les arbres qui n'ont rien ou presque rien produit, parce que ces arbres ont peu dépensé de nourriture et qu'il en reste en réserve.

Ne fumez en aucun temps les arbres stériles qui jettent trop de bois, car il est bon de les mettre au régime pour les rendre féconds.

Ne fumez pas non plus les arbres vigoureux que vous vous proposez d'ébrancher avec la scie ou la serpe, parce qu'en augmentant ainsi la dose et la richesse de la séve, vous pourriez déterminer la formation de quelques chancres dans le voisinage des plaies.

Il s'agit, à présent, de s'entendre sur les engrais qui conviennent et sur ceux qui ne conviennent pas.

A notre avis, les meilleurs ne sont pas les plus énergiques; ce sont les plus délicats, ceux qui n'ont pas d'odeur trop repoussante, et voilà pourquoi nous recommandons :

1° Les feuilles d'arbres pourries en tas, pendant deux ans, et arrosées de purin et d'un peu d'eau salée, quelques semaines avant de s'en servir;

2° Les vieux composts de gazons, arrosés lit par lit avec l'eau de chaux, au moment de leur préparation;

3° La tannée, exposée à l'air pendant tout un hiver, et arrosée chaque semaine avec les eaux de récurage, de savon ou de lessive;

4° Un mélange de cendres de bois, de suie et de vieilles boues de routes et de chemins;

5° Un mélange de cendres de houille et de râclures de fumier;

6° Un mélange de fruits pourris, de marcs de pommes ou de poires à cidre, de cendres de bois et de chaux fusée;

7° Un mélange de bouses de vache et de bonne terre, arrosé à diverses reprises avec des eaux de lessive et de savon;

8° Le fumier de vache très-pourri;

1.

9° Les chiffons de laine, qui agissent assez énergiquement et longtemps ;

10° Enfin, pour produire un effet rapide et puissant, nécessaire dans certains cas, nous recommandons un purin préparé, dans un tonneau ouvert
(fig. 1), avec du fumier de vache, du fumier de

Fig. 1.

porc, de la colombine de volaille, quelques poignées de salpêtre, du sel de cuisine et de l'eau sur
le tout. Le tiers de la futaille sera occupé par les
matières fertilisantes ; les deux tiers seront occupés
par l'eau. On agitera de temps à autre, et, au bout
de quinze jours, le purin pourra être tiré et
employé dans les circonstances qui seront indiquées
plus tard.

Je ne nie pas l'efficacité des fumiers de cheval
et de mouton, pas plus que celle des matières fé-
cales et de la chair des animaux morts, mais ils

présentent des inconvénients graves quand on les
emploie maladroitement et immodérément. Tantôt,
ils communiquent une saveur désagréable aux fruits
ou poussent trop au bois ; tantôt, quand il s'agit de
cadavres d'animaux enfouis, surtout dans les terrains argileux, ils amènent la pourriture des racines
et par suite la mort des arbres.

II

DU SEMIS DES ARBRES.

Maintenant que nous avons le terrain et les
vivres, il s'agit d'y loger et d'y nourrir les arbres.
Mais comment se les procurer? — En les achetant
tout jeunes chez le pépiniériste, va-t-on répondre.
— C'est fort bien, mais s'il n'y avait point de pépiniéristes, comment nous y prendrions-nous ?
Je vais vous le dire :
Il y a plusieurs moyens de multiplier les arbres
fruitiers. Ces moyens sont : 1° le semis, pour la
création des variétés ; 2° le marcottage ; 5° le bouturage ; 4° le greffage, pour la multiplication des
variétés créées.
A tout seigneur tout honneur : parlons d'abord
du semis, c'est-à-dire de la méthode naturelle.
L'arbre est dans la graine, comme la poule est dans
l'œuf. Nos meilleures poires, nos meilleures pommes sortent d'un pepin ; les pêches, les prunes,

les cerises, les abricots les plus renommés sortent d'un noyau, le noyer d'une noix, le noisetier d'une noisette, etc.

Si nous n'avions point la ressource du semis, nos arbres finiraient par s'user et se perdre à la longue, malgré les marcottes, les boutures et les greffes. Nous en avons déjà perdu bel et bien, et des meilleurs du temps passé ; nous en connaissons bel et bien aussi qui s'en vont de vieillesse, qui, autrefois, poussaient vigoureux en plein vent et qui, à cette heure, ont besoin de l'espalier ; qui, autrefois, donnaient de beaux et bons fruits avec des pepins bien formés, et qui, à présent, ne donnent plus que des fruits pierreux, crevassés, insipides, et des pepins dégénérés, aplatis, à moitié vides.

C'est tout naturel ; rien de ce qui vit n'est immortel. Vous conserverez une race de pommes ou de poires, au moyen du greffage, pendant un siècle, deux siècles, trois siècles et plus, si vous le voulez, mais vous ne l'empêcherez pas de s'affaiblir, de dégénérer et de s'éteindre tôt ou tard. Nos reinettes franches, nos Saint-Germain d'hiver, nos beurrés gris, nos virgouleuses et tant d'autres ne sont plus, à ce qu'on assure, ce qu'ils étaient il y a cent cinquante ans. Et de là, la nécessité de créer de nouvelles races, des variétés nouvelles, pour remplacer celles qui s'en vont et nous consoler de leur perte.

Or, c'est en semant que l'on crée. A toutes les époques, il s'est rencontré des amateurs qui ont semé des graines de fruits, tantôt par centaines, tantôt par milliers ; mais par cela même que ces graines provenaient d'espèces cultivées, c'est-à-dire plus ou moins forcées, les produits avaient de la tendance à retourner vers l'état de nature. Ils redevenaient donc à demi sauvages, pour la plupart, et à peine, parmi des milliers de plants, obtenait-on du premier coup quelques rares variétés de mérite, bonnes à propager tout de suite, et désignées sous le nom de *gains*, tandis que l'on désignait sous le nom de *Bezy* celles que l'on rencontrait par hasard dans les bois ou les haies.

Un savant belge, Van Mons, s'est illustré parmi les semeurs et a posé des règles à suivre. Il nous a dit : — les vieilles variétés nous quittent pour ne plus revenir; cherchons-en de nouvelles. Pour cela, prenons des graines de fruits, dont la découverte ne date pas de loin, semons-les dans de la bonne terre, attendons qu'elles poussent et soignons la pépinière. Cela fait, marquons d'un signe quelconque les plants de bonne mine que nous transplanterons et éléverons à part. Quand ils auront porté fruit, au bout d'un certain nombre d'années, nous sèmerons la graine de ces fruits-là pour obtenir de nouveaux plants qui, dans l'avenir, nous donneront des fruits aussi, meilleurs ou moins mauvais que les premiers. Nous prendrons les graines de cette deuxième génération, qui produiront à leur tour plus vite et mieux que les graines précédentes; et nous poursuivrons ces opérations jusqu'à ce que les fruits gagnés ne laissent plus rien à désirer. Ce sera l'affaire de plusieurs générations, de trente ou quarante ans, peut-être, pour les fruits à pepins ; ce sera plus vite fait pour les fruits à noyaux. Voilà, en deux mots, la fameuse méthode des semis successifs de Van Mons.

Si, tout de suite, dès la première génération, on obtient des variétés parfaites, tant mieux. C'est rare avec les fruits à pepins ; c'est moins rare avec les fruits à noyaux, surtout quand les noyaux ne proviennent pas d'arbres greffés.

Et puis, comme, en toutes choses, il y en a qui ont la main heureuse et d'autres qui ne l'ont pas. Les espérances sont pour tout le monde, mais les réussites ne sont que pour quelques-uns seulement.

Si vous avez le feu sacré, si vous aimez les émotions de l'attente et de l'espoir, semez donc des pepins et des noyaux, soit à la fin d'octobre ou en novembre, pour leur laisser passer l'hiver en terre, soit au printemps, mais dans ce dernier cas n'oubliez point de bien laver vos pepins d'abord, dans de l'eau ordinaire, afin d'enlever la matière poisseuse qui les recouvre et d'assurer par là une plus prompte germination. Surtout, semez en riche terre.

L'année d'après, vous aurez de petits arbres. Vous les transplanterez en pépinière au bout d'un an ou deux ans, avant ou après l'hiver; avant, dans les terrains secs, après, dans les terrains frais, à soixante centimètres de distance l'un de l'autre entre les lignes, et à trente centimètres seulement sur la ligne. Si, dans le nombre, des sujets se distinguent entre tous par le bois et la feuille, vous les marquerez et les transplanterez de rechef à l'arrière-saison.

C'est ici le lieu de rappeller les caractères que Van Mons considérait comme étant de bon augure. Selon lui, les jeunes poiriers qui donnent des espérances, portent bien leur bois et sont d'une vigueur modérée; leurs rameaux, de grosseur et de longueur moyenne, forment un peu la courbe vers le haut, se rompent facilement sans marquer de déchirure. Leur peau est claire, lisse, douce au toucher, mouchetée par places, colorée de nuances diverses, grise, brune, jaunâtre, rougeâtre et couverte de duvet; leurs épines sont longues et garnies de saillies sur toute leur étendue; les feuilles sont frangées, assez minces, à queue longue, d'un beau vert foncé, lisses, luisantes, obliques plutôt que redressées, et se développent tard.

Les jeunes sujets de poirier qui donnent peu d'espoir ont les rameaux frêles, courts, non courbés à leur extrémité, pâles de peau ou rouges sans duvet; leurs bourgeons ou yeux sont aplatis, pointus et paraissent sortir de la peau plutôt que d'y entrer; les épines sont courtes et présentent peu de saillies; les feuilles sont petites, rondes, peu dentelées, tremblantes, pâles au-dessus, blanchâtres en dessous, à queue courte et se développent de bonne heure.

Quant aux jeunes pommiers, Van Mons trouve que leurs caractères sont moins tranchés que sur le poirier et qu'il y aurait de l'inconvénient, sous ce rapport, à trop se fier à l'apparence.

Les jeunes pêchers et les jeunes abricotiers de semis qui promettent de beaux et bons fruits, ont ordinairement de gros rameaux, des feuilles larges et dentelées. Les rameaux grêles, les feuilles étroites et très-peu dentelées sont de mauvais signes.

Chez les jeunes pruniers, c'est le contraire; le gros bois et les feuilles larges n'annoncent rien de bon.

Vous vous attacherez donc, en attendant mieux, aux signes qui précèdent; puis vous réserverez les sujets douteux pour les greffer tôt ou tard. Quant à ceux de bonne mine, vous vous attacherez à les faire produire le plus promptement possible, et, à cet effet, vous les ferez quelque peu souffrir, d'abord en les transplantant de nouveau, au bout de deux ans, après avoir taillé les branches, taillé les racines et supprimé le pivot.

Quand la reprise sera complète, vous vous arrangerez de façon à incliner les petites branches vers l'horizontale, soit contre un mur à palissage, soit contre un treillage fait avec des pieux et de petites perches en travers. Ces transplantations coup sur coup, ces mutilations et l'état de gêne imposé aux petites branches, précipiteront certainement la mise à fruit et vous sortiront de l'incertitude plutôt qu'une culture régulière. Plus tard, vous saurez pourquoi.

III

COMMENT VIVENT LES ARBRES.

Revenons à présent sur nos pas, si vous le permettez. Nous avons de petits arbres de graines; il est bon que nous sachions comment ils vivent. Ils tirent leur nourriture du sol par les racines, et de l'air par les feuilles. Au dire des savants, les grosses racines ne prennent rien directement; ce sont les toutes-petites, celles qui ressemblent à des fils, à des cheveux, et que l'on nomme *chevelu,* qui prennent les vivres dans la terre. A tort ou à raison, nous pensons que les savants ne sont pas tout à fait dans le vrai, et que les grosses racines, tant qu'elles sont jeunes, vigoureuses et tendres, fonctionnent aussi bien que le chevelu et peuvent même s'en passer jusqu'à un certain point. Examinez de près les carottes, les navets, et vous verrez que, pendant la première année de leur végétation, les plus belles comme les plus délicates, parmi ces racines, sont précisément celles qui n'ont pas de chevelu, les plus lisses, les plus nettes par conséquent. Le chevelu ne se développe que sur les racines qui vieillissent, que sur les racines coriaces ou sur celles qui sont maladives, qui ne peuvent plus suffire directement à l'alimentation de la plante et ont besoin de secours. Voilà pourquoi les racines bisannuelles, lisses pendant la première année, se chargent de chevelu la seconde année, lorsque nous les transplantons à titre de porte-graines ; voilà pourquoi aussi les racines bisannuelles souffrantes, la première année, coriaces, s'emportant prématurément pour fleurir, se couvrent également de chevelu. Or, ce qui est vrai pour les légumes, doit l'être nécessairement pour les arbres. Il n'y a pas deux lois dans la nature pour régler une même fonction.

Un jeune arbre, qui aura vécu à l'aise dans un excellent terrain, et que l'on n'aura fait souffrir d'aucune manière, n'aura, pour ainsi dire, point de chevelu et s'en passera parfaitement. Nous le savons par expérience.

Un jeune arbre, élevé en maigre terrain, qui aura jeûné plus que de raison, qui aura souffert de la transplantation et du greffage, qui aura manqué d'eau, et dont les principales racines, ou racines d'attache, seront devenues coriaces, se couvrira de chevelu, autrement dit d'avortons de racines, de radicelles formant perruque et ne valant pas, toutes ensemble, trois ou quatre racines principales, en

2

état de prendre et de conduire la séve par toutes
leurs parties.

Quand on nous dit : — Le chevelu est la partie
essentielle des racines de l'arbre, nous répondons :
— Oui, comme les faux bourgeons et les rameaux
adventices sont les parties essentielles des branches,
quand les bourgeons principaux manquent ou ne
fonctionnent plus. Faute d'un écu, on se contente
d'un gros sou.

Quand on nous recommande d'avoir grand soin
du chevelu, de ne pas le laisser exposé longtemps
à l'air et au soleil, de l'empêcher à tout prix de se
dessécher, on fait bien, car le chevelu est la dernière ressource des arbres à perruques. Il est là, à
titre de remplaçant, uniquement parce que les
racines primitives n'agissent plus directement. Si
vous compromettiez son existence, que resterait-il?

Ces observations faites, nous continuons :

Les grosses racines, ou les petites, à défaut de
l'action des grosses, prennent dans le sol les vivres
placés à leur portée, pourvu qu'ils soient dissous,
fondus dans de l'eau. Sans cette condition de rigueur, ils ne passeraient point par les conduits.
Voilà pourquoi les plantes et les arbres souffrent
si cruellement dans les temps de sécheresse ; voilà
pourquoi aussi les engrais liquides produisent tout
de suite leur effet.

Une fois la nourriture liquide dans le corps
des racines de charpente, elle prend le nom de
séve.

Cette séve, qui est pour ainsi dire le sang des
arbres, entre dans des veines ou vaisseaux, formés
de cellules que nous n'apercevons pas à l'œil nu,
mais que les verres grossissants nous font distinguer très-bien (fig. 2).

Dans les bois jeunes et tendres, ces veines sont bien ouvertes et la séve y circule abondamment; dans les bois vieux et durs, elles se resserrent, s'étranglent, se bouchent, et la séve n'y passe plus. Elle est donc plus à l'aise dans le bois blanc, dans l'aubier que dans le cœur de l'arbre, et c'est pour cette raison qu'elle monte surtout par le bois blanc, le dernier formé, le mieux ouvert.

Fig. 2.

Avant de suivre la séve dans sa marche, commençons par disséquer un bout de rameau (fig. 3). Nous pratiquons une incision jusqu'au bois, et en travers, juste au-dessous du premier œil. ou petit bourgeon que vous voyez, et une seconde incision de haut en bas, à partir de la première. Après cela, nous soulevons les parties incisées avec la lame de notre greffoir ou de notre serpette. Voici d'abord, en dehors, la grosse écorce que nous nommons la première peau. Sous cette première peau, s'en trouve une autre, verdâtre, que vous ne distinguez pas précisément dans ce dessin aussi bien que nous le désirerions, mais que vous distinguez quelque peu. Nous la nommons seconde écorce; et les savants l'appellent *liber*, parce que *liber* est un mot latin qui signifie livre, et que cette seconde écorce est composée de minces feuillets, à la manière

Fig. 3.

d'un livre. Sous le *liber*, se trouve le bois tendre de la dernière formation, c'est-à-dire l'*aubier* ou bois blanc. Sous ce bois blanc de l'année, se trouve l'aubier des années précédentes, un peu moins blanc que le précédent; puis arrivent successivement les couches de vieux bois, de couleur un peu plus foncée, et enfin la moelle, plus ou moins distincte, selon les espèces.

Maintenant, nous pouvons suivre et comprendre la marche de la séve. La voici dans l'aubier ; comment va-t-elle y monter?

On pense que la séve monte sous l'influence de plusieurs forces qui la poussent, et que nous allons signaler d'abord. Nous chercherons ensuite à nous faire comprendre.

1° C'est en raison de la pression de l'air ; 2° en raison de l'endosmose ; 3° en raison de la puissance attractive des bourgeons ou force vitale, grand et profond mystère qui nous échappe ; 4° en raison de la capillarité.

Expliquons-nous sur chacune de ces forces :

Quand la température est élevée, c'est-à-dire lorsqu'il fait chaud, une partie de l'eau qui est dans les cellules ou vaisseaux de l'arbre s'évapore, se perd par les feuilles et n'est point remplacée. Des vides se forment donc. Alors, le poids de l'air sur la terre chasse la séve dans ces vides, comme elle chasse l'eau d'un puits dans un corps de pompe.

D'un autre côté, on sait que les liquides légers, séparés de liquides plus denses par des membranes perméables, montent dans ces derniers plus vite que ceux-ci ne descendent, que de l'eau distillée montera plus vite dans de l'eau sucrée que celle-ci ne descendra dans l'eau distillée. Or, toutes les fois que les racines apporteront un liquide moins lourd

que la séve du corps de l'arbre, à quantités égales,
il y montera à travers les membranes des cellules,
en vertu de la force appelée endosmose. Et voilà
pourquoi l'engrais liquide, très-étendu d'eau ordinaire, monte et favorise la végétation, tandis
que l'engrais liquide pur et condensé ne
monte pas et ne sert à rien, à moins qu'il ne
pleuve ou que l'on n'arrose après l'avoir employé.

En troisième lieu, vous remarquerez que
les jets ou très-jeunes bourgeons des arbres
appellent la séve. Un seul fait vous le
prouvera : voici deux rameaux; (fig. 4
et 5) si nous taillons le plus petit à
une assez courte distance de l'œil du
haut, cet œil poussera et la plaie se
cicatrisera; mais, en retour, si nous
taillons le plus grand de ces rameaux
bien au-dessus de l'œil, la séve qui
ne sera point appelée par un autre
bourgeon, ne pourra pas s'élever
d'elle-même jusqu'à la partie coupée. Elle s'arrêtera en chemin, au
point marqué sur la gravure par une
petite lanière d'écorce enlevée; et
tout le bois placé au-dessus de la
marque en question se ridera, se
desséchera et formera ce que l'on
appelle un *chicot*. C'est pourquoi
ceux qui greffent loin de terre et à
une forte distance d'un œil, ne réussissent pas.

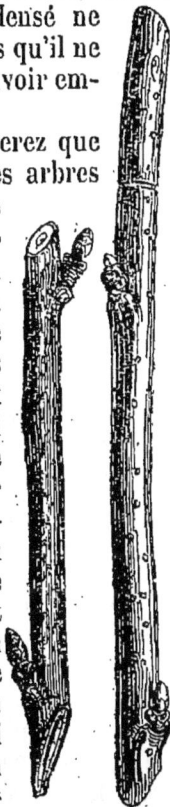

Fig. 4 et 5.

Enfin, voici ce que l'on entend par capillarité :
— Quand vous plongez dans de l'eau un tube de
verre percé d'un trou d'un très-petit diamètre, vous

2.

voyez cette eau monter dans le tube, au-dessus de son propre niveau. Quand vous plongez le bout d'une mèche dans l'huile, cette huile monte peu à peu dans l'intérieur du coton et arrive à l'autre bout. Quand vous plongez en partie dans l'eau une souche de bois, cette eau finit par gagner la partie supérieure. Quand vous mettez un morceau de sucre dans un peu d'eau, cette eau monte et envahit tout le morceau. Quand, enfin, vous versez de l'eau dans la soucoupe d'un pot de fleurs, elle s'élève d'autant plus vite de cette soucoupe dans le pot, par le trou du fond, que la terre est plus desséchée (fig. 6). Voilà des effets de la capillarité.

Fig. 6.

Or, il est certain qu'ils se produisent dans les petits vaisseaux des arbres vivants, et que si la séve s'élève à quelques lignes au-dessus d'un œil ou bourgeon, après la section du rameau, c'est à la capillarité qu'on le doit en partie.

Nous savons donc ou croyons savoir en vertu de quelles forces la séve monte. Suivons-la maintenant dans sa course ascendante. Chemin faisant, elle rencontre des yeux ou bourgeons qui l'attirent au passage ; et plus il y a d'yeux, plus l'appel est puissant, en sorte qu'elle se précipite la plupart du temps vers les extrémités, sans s'arrêter aux yeux de la base. Dix, douze, quinze, vingt bourgeons, qui l'appellent d'un commun accord vers les extrémités, sont nécessairement plus forts que les quatre ou cinq de la base. Il s'ensuit que les premiers se déve-

loppent souvent trop et que les autres ne
se développent pas du tout ou pas assez.
Il n'est point rare de voir, dans le courant
de la même année, des yeux donner des
rameaux qui, à leur tour, développent
leurs bourgeons en faux rameaux anticipés, tandis que dans les parties moyenne
et basse de l'arbre vous voyez des yeux qui
s'éteignent, d'autres qui avortent, d'autres
qui ne vivent point à leur aise.

Un œil ou bourgeon, que voici à l'aisselle d'une feuille (fig. 7), pourra, s'il se

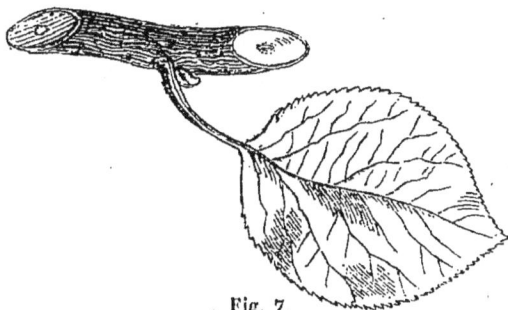

Fig. 7.

développe bien, vous donner, par exemple,
le vigoureux rameau que nous figurons
ci-contre (fig. 8) :

Un œil ou bourgeon se développant
mal, au contraire, tantôt pour une cause,
tantôt pour une autre, vous donnera des
épines (fig. 9); ou bien des brindilles,
sortes de rameaux effilés à la manière des
épines et incapables de produire du bois
vigoureux (fig. 10); ou bien les bourgeons
à feuilles se changeront peu à peu en boutons à fleur, en rameaux avortés, en

Fig. 8.

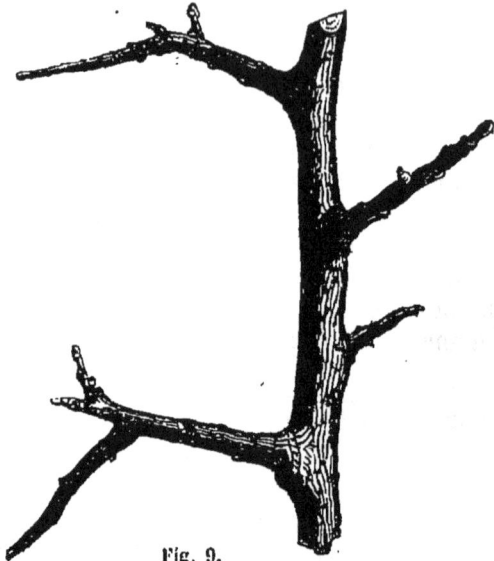

Fig. 9.

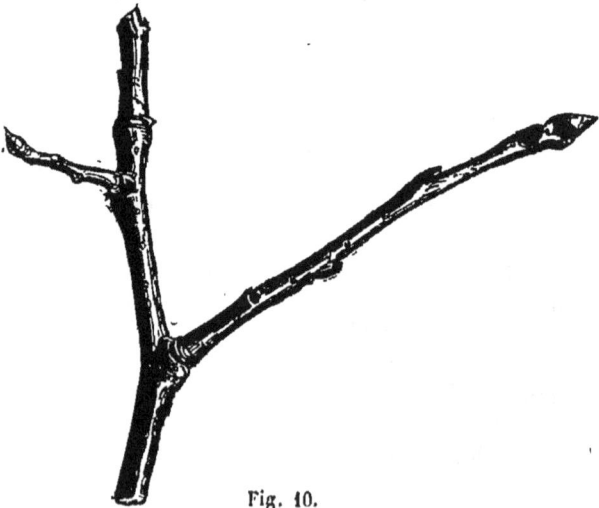

Fig. 10.

dards qui commenceront au milieu d'une rosette
de feuilles, comme ce jeune dard d'un an, pris sur
un poirier (fig. 11).

Fig. 11.

La seconde année, notre dard de poirier sera un
peu plus développé, s'allongera et comptera plus de
feuilles à sa rosette (fig. 12).

Plus tard, vous aurez des lambourdes qui ne
sont autre chose que des dards arrivés au dernier
degré de leur développement et prêts à porter fleurs
et fruits. En un mot, le dard est un jeune rameau
avorté qui nourrit un bouton à fleurs à son extrémité, tandis que la lambourde est un dard de plusieurs années sur lequel le bouton n'a plus qu'à
s'ouvrir. Voici, par exemple, un bout de branche
que nous avons enlevé à un poirier dans le courant

de novembre 1858 et qui porte trois rameaux,

Fig. 12.

avec trois boutons à fleur (fig. 13). Celui du haut
est très-court; les deux de la base sont assez bien
développés. Ces trois rameaux, à moins que la gelée
ou les oiseaux ne les détruisent, fleuriront au printemps de 1859. L'année dernière, ce n'étaient
que des dards; aujourd'hui, ce sont des lambourdes.

Pour compléter l'explication, nous allons figurer ici et toujours d'après nature, un rameau de
pommier qui porte en bas un dard d'un an, avec

Fig. 13.

deux feuilles seulement, la troisième s'étant détachée et perdue ; et deux ou trois lignes au-dessus
du dard, une lambourde qui commence aux rides
et finit au gros bouton à fleur, avec une rosette de
cinq feuilles (fig. 14).

Cette année, la lambourde nous donnera ses
fruits, à moins d'accidents imprévus ou à prévoir,

tandis que le dard grossira et deviendra lambourde
à son tour l'année prochaine ou dans deux ans.

Après la cueillette des fruits, nos lambourdes se
termineront par un renflement très-désagréable à
l'œil, qui servait de point d'attache aux pommes ou
aux poires, et qui porte, dans le langage des prati-
ciens de l'arboriculture, le nom de *bourse* (fig. 15).

Fig. 15.

Cette branche de poirier vous représente exactement quatre lambourdes de l'année dernière avec
des bourses ou points d'attache à l'endroit qu'oc-
cupaient les pédoncules ou queues des fruits; et,
sur ces vieilles lambourdes débaptisées, vous en
voyez de nouvelles qui se forment. La séve circu-
lant mal parmi ces monstruosités de l'avortement,
il ne saurait en sortir que des boutons à fleur, non
des rameaux à bois, si ce n'est vers le sommet de
la branche, parce que la séve circule plus volontiers dans le sens de la perpendiculaire que dans
le sens de l'horizontale. Et encore qu'est-ce que ce
rameau terminal? Quelque chose de mal conformé,
de souffreteux, de mal aoûté, qui offre plutôt les
caractères d'une brindille que ceux d'une production vigoureuse.

Les abricotiers, les cerisiers, les pêchers ont, comme les poiriers et les pommiers, leurs rameaux étiques, leurs vic-
times d'une séve oublieuse ou avare. La
branche *chiffonne* et la branche à *bouquet*
sont au pêcher ce que la brindille et la
lambourde sont aux espèces à pepins.

On peut en dire autant de la branche
à bouquet de l'abricotier, que nous vous
représentons ici (fig. 16), et de celle du
cerisier que nous ne représentons pas.

Au fur et à mesure que la séve montante
arrive aux feuilles, celles-ci lui apportent
de l'air, la modifient, l'épaississent en

Fig. 16.   consistance de sirop ; après quoi, elle
descend sous le nom de *cambium* ou *séve descen-*
dante.

Mais par où passe-t-elle pour retourner aux racines? Elle change nécessairement de route ; autre-

ment elle disputerait le passage à la séve montante
ou ascendante. En effet, elle s'en va entre l'aubier
et le liber, dépose sur ce liber un nouveau feuillet,
et sur cet aubier de l'année précédente,
une couche nouvelle de bois, d'abord liquide et qui va s'épaississant et se dur-
cissant. Ces couches de chaque année
sont si bien marquées dans certains arbres, qu'il suffit, après les avoir sciés, de
compter les cercles du bois pour arriver
à connaître l'âge de ces arbres. Ce rameau de cerisier (fig. 17) en fournit un
exemple significatif.

Que si, à présent, l'on nous demandait
à quoi nous reconnaissons que la séve
descend entre l'aubier et le liber, nous
répondrions : enlevez un anneau d'é-
corce (fig. 18) ou bien ligaturez une
branche ou un rameau, avec une ficelle
ou un lien quelconque, lorsque les
arbres sont en pleine végétation, et, au
bout de quelques jours, vous remarquerez un renflement, une sorte de bourrelet, qui se formera au-dessus de la ligature, non au-dessous. La séve descendante s'ac-

Fig. 17.

cumulera contre le barrage et y formera de
l'aubier,

Nous n'avons plus qu'un mot à ajouter en ce qui
concerne la séve. Toutes les fois qu'elle circule
librement et rapidement, elle donne du bois et de
la feuille (fig. 19) ; toutes les fois, au contraire,
que sa circulation se trouve gênée par une cause
quelconque, elle produit la fleur et le fruit (fig. 20).

L'arbre, franc de pied, c'est-à-dire non greffé,
qui a toutes ses aises et une grande vigueur par

conséquent, reste longtemps infertile, longtemps
jeune. Arrivé à l'âge adulte, il donne quelques

Fig. 18.

Fig. 19.

fruits d'abord, puis un peu plus, d'année en année,
quand le temps le permet. Cette force de l'âge peut

se maintenir un demi-siècle ou davantage; après quoi le déclin commence, et, avec le déclin, l'abondance des fruits. Enfin, au bout d'une période d'années, plus ou moins longue, la vieillesse s'annonce par la dégénérescence des fruits. Cette vieillesse peut avoir beaucoup de durée, mais vous reconnaissez que l'arbre tire à sa fin quand les fruits se rapetissent, se tachent, se gercent et deviennent graveleux.

L'arbre qui n'a pas toutes ses aises, qui ne permet pas à la sève de courir librement , qui souffre, en un mot, pour une cause quelconque, ne pousse guère en bois, n'a pas une longue jeunesse, passe vite à l'âge mûr, donne du fruit de bonne heure, vieillit et meurt de bonne heure aussi. C'est ce que nous verrons plus tard.

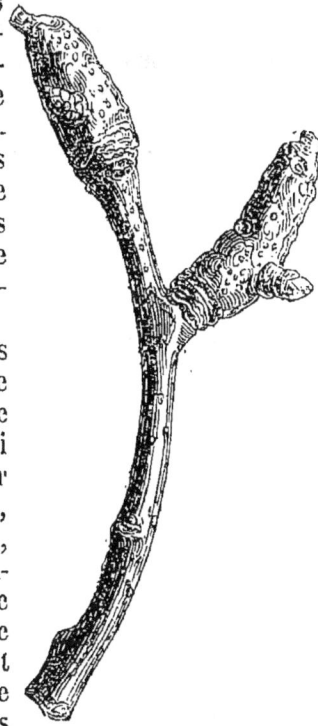

Fig. 20.

Pour le moment, il suffit que nous sachions par où monte et descend la sève, et que nous sachions aussi dans quelles conditions elle produit du bois et de la feuille, dans quelles conditions elle produit de la fleur et du fruit. Le sachant, nous devenons nécessairement les maîtres de nos arbres. L'art de les conduire, c'est tout bonnement l'art de manier

5.

la séve, de régler sa marche, selon les circonstances
et les besoins. Or, qu'est-ce que la séve, sinon un
ruisseau qui court par le bois tendre, en montant,
et entre le bois tendre et la seconde écorce, en descendant; un ruisseau qui obéit à des forces que
nous croyons connaître déjà. Qu'est-ce qui nous
empêche, après cela, de modérer sa marche, de la
contrarier, de barrer le courant, de le déchaîner à
volonté, c'est-à-dire de fabriquer du bois ou du
fruit à notre fantaisie, de faire vivre un arbre gras-
sement ou de le faire souffrir à petit bruit, ou, enfin,
de le tuer brutalement?

IV

DU MARCOTTAGE.

C'est par le semis, que nous obtenons les variétés nouvelles; mais lorsque le hasard nous a
donné une de ces variétés, il s'agit de ne point la
perdre, et, par conséquent, de la multiplier le plus
rapidement possible. Or, pour cela, il n'y a plus
à compter sur les pepins et les noyaux; il faut
nécessairement recourir à d'autres moyens qui
sont : le marcottage, le bouturage et le greffage.
Parlons d'abord du marcottage.

Si nous mettions certains arbres la tête en bas
et le pied en l'air, nous verrions, dans bien des
cas, les racines se changer en branches et les

branches se changer en racines. C'est étrange,
mais c'est comme cela. Un bourgeon en l'air devient rameau ; un bourgeon en terre devient racine,
pourvu, bien entendu, que les circonstances soient
favorables.

C'est sur cette remarque qu'est fondé le marcottage, autrement dit l'art de faire pousser des
racines aux rameaux sans les détacher de la tige-
mère.

Les fleuristes, ainsi que les cultivateurs d'arbres et d'arbustes d'ornement, font beaucoup de
marcottes ; les cultivateurs d'arbres fruitiers en
font très peu, parce qu'ils ont plus d'avantage à
employer les autres moyens de multiplication.

Nous nous bornons, nous autres, à marcotter
le coignassier, le pommier doucin, le pommier
paradis, le mûrier, pour obtenir des sujets à greffer, dont nous avons absolument besoin. Nous ne
marcottons réellement que la vigne et le groseillier
pour leurs fruits. Nous n'avons donc à nous occuper ici que des marcottages simples, non des marcottages compliqués.

Voulez-vous des marcottes de coignassier, de
pommiers doucin et paradis, de mûrier ? Recepez,
c'est-à-dire coupez à 16 ou 20 centimètres du sol
la tige principale de ces arbres, à la sortie de
l'hiver, et alors qu'ils sont encore jeunes et vigoureux ; puis labourez soigneusement la terre au pied.
Des rejets se produiront au-dessous de la partie
coupée, et, l'année suivante, au printemps, vous
formerez une butte de 32 centimètres environ,
avec du bon terreau que vous tasserez bien, et
vous aplatirez la butte à son sommet, pour qu'elle
retienne un peu les eaux pluviales. En buttant
ainsi les rejets, on les maintient le plus souvent

dans le sens de la verticale ; mais il vaudrait mieux les obliquer un peu (fig. 21), afin de favoriser le développement des racines dans la terre. A l'automne, vous pourrez transplanter une partie des marcottes.

Voilà ce qu'on appelle marcottage en butte ou en cépée, c'est-à-dire par touffe.

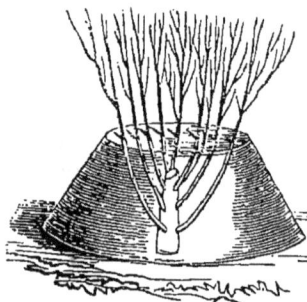

Fig. 21.

On a classé parmi les marcottes les drageons qui poussent des racines du prunier et que l'on transplante également pour asseoir des greffes ; mais à quoi bon assimiler au marcottage une reproduction toute naturelle dans laquelle la main de l'homme n'intervient pas, si ce n'est pour un pincement indispensable ?

Le marcottage de la vigne est celui qui nous intéresse le plus. Tout le monde le connaît sous le nom de *provignement*.

On marcotte une vigne, soit pour la rajeunir, soit pour repeupler ou combler des vides, et aussi pour former de nouveaux ceps destinés à la transplantation.

Quand nous avons un cep vieux, usé, dont les racines profondes manquent de nourriture, ou dont le bois coriace ne laisse plus assez facilement circuler la sève, nous ouvrons près de la souche une ou plusieurs fosses et nous y couchons souche et sarments dans toute leur longueur ou à peu près ; puis nous recouvrons de terre et ne laissons que l'extrémité des sarments, taillés sur deux yeux ou

bourres. Ces sarments vivent d'abord de la séve
de la vieille souche, mais bientôt ils s'enracinent
par tous leurs nœuds et prennent une nourriture
abondante dans les couches supérieures du sol.
On comprend que ce rajeunissement sans amputation, sans arrachage, sans transplantation, que
ce moyen de refaire du bois neuf et de la riche
séve entretienne fort longtemps les vignobles à la
même place. Il ne saurait en être ainsi avec nos
arbres fruitiers.

D'autres fois, on marcotte la vigne sans coucher
le cep, rien qu'en tor-
dant le sarment pour
l'enterrer, et en fixant
la marcotte au fond de
la fosse à l'aide d'un cro-
chet en bois (fig. 22).
Dans ce cas, il convient
d'enlever les bourres
ou bourgeons qui peu-

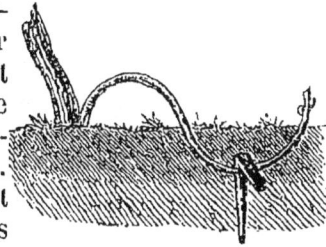

Fig. 22.

vent exister dans la partie comprise entre la
souche-mère et le point d'arrivée au sol, parce que
ces bourres prendraient la séve au préjudice de la
partie enterrée.

Tout en suivant le même mode de marcottage,
il arrive souvent aux cultivateurs de treilles de
coucher la marcotte dans un panier plein de bonne
terre et enfoui dans le sol. Au bout de la seconde
année, on sépare la marcotte enracinée de la vieille
souche et on l'enlève avec le panier pour la transplanter. C'est le procédé généralement adopté chez
les cultivateurs du Westland (Hollande).

D'autrefois encore, on forme plusieurs marcottes avec un seul sarment. C'est le marcottage en
serpenteaux (fig. 23).

Les parties arquées sous terre et maintenues
au moyen de crochets en bois, doivent avoir le

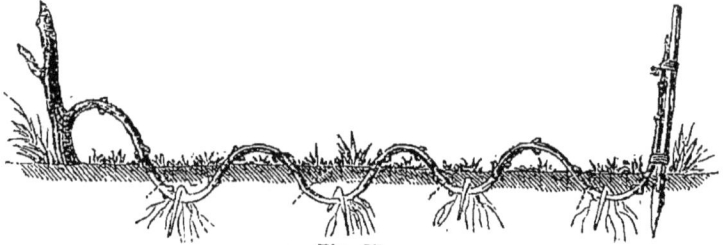

Fig. 25.

même développement que les parties arquées en
dessus. Les bourres des arqûres souterraines deviennent racines, en même temps que les bourres
des arqûres aériennes deviennent rameaux. A l'automne, on détache la marcotte de la souche, et l'on
sépare les plants enracinés, à coups de bêche, pour
les transplanter.

Enfin, on peut encore ouvrir près de la souche
une rigole de 15 à 20 centimètres de profondeur, y
coucher une marcotte dans toute sa longueur, l'y
fixer solidement au moyen de crochets en bois et
recouvrir à peine de bonne terre que l'on préser-
vera de la sécheresse. Les bourres partiront en
même temps que le sarment s'enracinera. Alors,
on ajoutera un peu de terre pour remplir la rigole.
Un peu plus tard, quand on ne craindra plus
d'étouffer les rameaux, on comblera entièrement.
A l'automne, on sèvrera la marcotte et l'on sépa-
rera les plants racineux, comme l'on fait dans le
marcottage en serpenteaux.

Vous voudriez marcotter une branche en l'air,
que vous le pourriez sans difficulté. Au lieu de
coucher le rameau dans une fosse, vous le cou-

cheriez tout simplement dans un pot ouvert sur le
côté, et fabriqué tout exprès
pour cela (fig. 24). Dès que
le rameau a été introduit,
on ferme l'ouverture avec
des tessons de poterie ou des
morceaux d'ardoises, puis
on s'arrange de façon à entretenir la terre dans un état
permanent de fraîcheur.

Avec le marcottage, les
rameaux sont courbés plus
ou moins ; la séve montante
circule moins vite que dans
les circonstances ordinaires,
et agit principalement sur
les bourgeons placés au point
de courbure. D'un autre

Fig. 24.

côté, la séve descendante va lentement, se trouve
quelque peu gênée par la courbe et y forme un
bourrelet d'aubier qui ne tarde pas à émettre des
racines.

V

DU BOUTURAGE.

Dans le marcottage, la mère reste chargée d'ap-
porter de la nourriture à l'enfant, jusqu'à ce que

celui-ci ait pris racine et puisse en toute sûreté se passer de son secours.

Dans le bouturage, ce n'est plus cela : l'enfant est d'abord séparé de la mère et n'a plus rien à attendre d'elle. En automne, ou plus souvent à la sortie de l'hiver, nous détachons un rameau d'un an, de 16, 20 ou 30 centimètres de longueur ; nous le coupons à la base, un peu au-dessous d'un bourgeon ; nous coupons de même l'autre extrémité au-dessus d'un bourgeon ; puis nous plantons ce rameau préparé ou *bouture,* non pas droit, perpendiculairement au sol, mais incliné, à demi-couché, afin que la séve ne courre pas trop vite en haut et ait le temps de former des racines.

Une bouture détachée de la tige mère n'est point une partie morte. Ne voyez-vous pas, en effet, que des arbres arrachés avant ou pendant l'hiver, et coupés par tronçons, poussent des feuilles au printemps, comme s'ils étaient debout, racines en terre et branches au vent? Ceci prouve que les arbres ou parties d'arbres ont une réserve de séve, une provision d'hiver ; ceci prouve qu'ils ne meurent pas tout de suite sous le coup de cognée ou de serpette et que la vie continue dans la bouture pendant un certain temps, assez pour développer des feuilles, surtout quand nous avons affaire à du bois tendre. Il y a donc circulation de la séve ascendante, formation de séve descendante, d'aubier par conséquent, et production de racines. Une des propriétés de l'aubier, ne l'oublions pas, de l'aubier très-tendre surtout, c'est d'émettre des racines rapidement.

Aussi, quand, par inattention ou à dessein, nous enterrons la greffe d'un arbre qui, toujours, présente un renflement d'aubier, des racines partent vite de ce renflement et la greffe s'affranchit du sujet.

Quand, d'autre part, nous voulons reproduire de bouture un rameau de pommier ou de poirier qui ne se prête pas volontiers au bouturage, à cause de la dureté du bois, nous commençons par le ligaturer sur l'arbre mère (fig. 25), afin que la sève descendante y forme un bourrelet d'aubier ; et, au bout de 18 mois ou deux ans, nous coupons le rameau au-dessous de ce bourrelet et le mettons en terre. On arriverait au même résultat par le moyen de l'incision annulaire, c'est-à-dire en enlevant un anneau d'écorce à

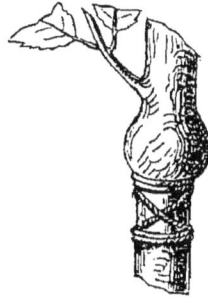

Fig. 25.

un rameau, soit avec la serpette ou la lame du greffoir, soit avec un outil spécial, assez improprement désigné sous le nom de coupe-sève.

Voici, d'une part, le coupe-sève en question (fig. 26)

Fig. 26.

et, de l'autre, un rameau dépouillé d'un anneau d'écorce (fig. 27).

4

Les cultivateurs d'arbres fruitiers ont rarement
recours au bouturage pour la multiplication de

Fig. 27.

leurs espèces ou variétés. Ils ne l'emploient que
pour la vigne, le groseillier et quelquefois le cognassier. Dans nos campagnes, on use surtout de
ce procédé pour la multiplication des peupliers, des
saules et notamment de l'osier.

Les boutures qui nous intéressent particulièrement, sont les boutures simples en rameaux, comme
celle de la vigne (fig. 28);

Les boutures avec talon, coupées sur le vieux
bois, ou déchirées (fig. 30), ce qui vaut encore
mieux ;

Les boutures en crossette (fig. 29);

Les boutures par étranglement (fig. 51), que vous
connaissez déjà, et qui consistent en rameaux ren-
flés par suite de la compression d'un lien ;

Et, enfin, les boutures semées (fig. 52).

Les figures que nos lecteurs ont sous les yeux,

nous dispensent de tous détails à la plume pour ce
qui concerne les quatre premières boutures ; mais
nous devons quelques explications relativement aux
boutures semées.

Fig. 28.   Fig. 29.   Fig. 30.   Fig. 51.   Fig. 52.

Elles se composent tout simplement de petits
morceaux de rameaux d'un an, avec un bourgeon
ou œil au milieu de chaque morceau. On sème ces
tronçons, dans une rigole, avec de la bonne terre ;
on arrose au besoin, et la reprise a lieu. Le bourgeon se développe en rameau ; le dessous émet des
racines. La vigne et le mûrier, ainsi bouturés, réussissent très-bien. Ceci nous rappelle qu'un jour
M. de Vergnette la Motte fit fumer ses vignes avec
du sarment vert, haché grossièrement, et que, sans
le vouloir, il obtint un nombre considérable de
jeunes plants.

Il est une sorte de bouturage, que nous n'avons
point pratiqué, mais dont on a beaucoup parlé dans

ces derniers temps, et qui consiste à tenir plongée
dans l'eau l'extrémité des boutures, jusqu'à ce que
de petites racines s'y forment. Par ce procédé, on
a réussi, assure-t-on, à bouturer des rameaux de
cerisier, de pommier, de poirier, qui résistent ordinairement aux moyens ordinaires. Nous ne nions
point ; seulement, il nous souvient qu'on a conseillé
à diverses reprises de planter les boutures dans des
tubercules de pommes de terre. Or, nous en avons
fait l'essai et avons échoué. Si ce n'est pas une raison pour condamner absolument le procédé, c'en
est une pour ne l'accepter que sous bénéfice d'in-
ventaire. Néanmoins, nous n'hésiterions point à le
renouveler, et voici pourquoi : — Nous admettons
que le bois dur doit se ramollir au contact de l'eau
ou d'une substance fraîche, et permettre plus facilement l'émission des racines. D'ailleurs, nous savons une pratique bourguignonne qui se rapproche
des précédentes. A Pommard, village célèbre par
ses bons vins, il est d'usage, chez les vignerons, de
placer le pied des sarments de bouture dans l'eau
de la rivière, pendant plusieurs semaines, avant de
les utiliser. La réussite est plus assurée que si l'on
plantait les bouts de sarment aussitôt après les
avoir détachés de la souche.

Il va sans dire que les boutures de vigne ou de
groseillier, etc., reprennent d'autant plus sûrement,
que la terre est de meilleure qualité et que l'on a
soin de les mouiller en temps de sécheresse. Elles
ne sont convenablement enracinées qu'au bout de
deux ans ou de dix-huit mois au moins. Il ne faut
donc pas trop se hâter de les lever pour la transplantation.

Les boutures de vignes, bien racineuses, prennent le nom de *chevolées*, par corruption de che-

velues, à cause des nombreuses petites racines qu'elles portent.

VI

THÉORIE DU GREFFAGE.

Le greffage, pour ce qui nous concerne, consiste à rapprocher certaine partie vivante d'un arbre, un bourgeon, un rameau ou un bout de rameau, appelé *greffe*, d'un autre arbre appelé *sujet*, qui accepte cette greffe, la nourrit de sa séve, l'allaite, l'adopte plus ou moins facilement, pourvu que la greffe en question ait des airs de parenté avec lui et des habitudes de vivre à peu près pareilles aux siennes. En ceci nous trompons la nature comme nous la trompons en faisant nourrir un louveteau par une chienne et couver des œufs de perdrix par une poule.

Le greffage a pour but : 1° de multiplier, de répandre et par conséquent de conserver les bonnes variétés, dues au hasard très-souvent, qui ne sauraient se reproduire de graines, ou celles qui se reproduiraient trop lentement par le bouturage ou le marcottage ;

2° D'avancer de plusieurs années la fructification de l'arbre ;

3° D'augmenter le volume des fruits ;

4.

4° D'améliorer ces fruits ;

5° De remplir les vides qui peuvent se produire dans la charpente d'un arbre.

PREMIER EXEMPLE. — Vous obtenez, par le semis, une belle et délicieuse poire ; mais vous ne la possédez que sur un seul pied, et ce pied peut disparaître, d'un jour à l'autre, sous un coup de tonnerre, un coup de vent, une surcharge de givre, par l'effet de tout autre accident ou d'une maladie quelconque. On a vu plus d'une fois de ces choses-là, et il n'y aurait rien d'étonnant à ce qu'on les vit encore. C'est un fils unique, en un mot ; et, celui-ci perdu, que resterait-il au cultivateur ? les yeux pour pleurer, pas davantage. Plutôt que de vivre dans les transes et de vous exposer à courir de mauvaises chances, vous prenez quelques rameaux sur cet arbre, et vous faites de ces rameaux quinze, vingt, trente greffes, plus ou moins, que vous mettez en nourrice sur des sauvageons des bois, sur des poiriers de semis ou *francs* de poiriers, ou bien sur des pieds de cognassier, ou bien enfin sur d'autres sujets de la même famille. Après cela, vous avez la satisfaction de dormir sur vos deux oreilles ; la variété est sauvée.

DEUXIÈME EXEMPLE. — Par cela même que vous ajustez une greffe sur un sujet, et surtout sur un sujet déjà éloigné en parenté, vous déterminez une gêne, un malaise, une souffrance. La séve perd de sa fougue, se ralentit et se montre plus disposée à produire du fruit que du bois. Donc vous avancez la fructification.

TROISIÈME EXEMPLE. — Quand vous greffez un arbre, et que, sur cette greffe, vous en établissez une seconde, puis une troisième sur celle-ci, et même une quatrième sur la précédente, vous augmentez le volume des fruits. C'est un fait ; nous ne nous chargeons pas de l'expliquer.

QUATRIÈME EXEMPLE. — Un fruit, gagné de semis, quelque bon qu'il soit, conserve toujours un léger arrière-goût de sauvage, une certaine âpreté. Cet arrière-goût s'en va avec le temps et à force de greffer ; en sorte qu'une saveur parfaite indique la décrépitude d'une variété. Or, en greffant, vous amenez une vieillesse anticipée et par cela même une saveur plus agréable dans les fruits.

CINQUIÈME EXEMPLE. — Une branche est dénudée ; un vide se forme dans la charpente d'un arbre; nous regarnissons cette branche, ou bien nous remplissons ce vide en y greffant un ou plusieurs rameaux.

Les greffes et les sujets ne se marient bien, ne s'unissent solidement entre eux, qu'autant qu'ils ont des conformités d'organisation et de manière de vivre. Or, ces conformités se rencontrent plus souvent dans la même famille qu'ailleurs, et c'est pourquoi l'on dit que plus le degré de parenté est rapproché, mieux les affaires vont.

Quand nous voulons des poiriers vigoureux, nous les greffons soit sur le poirier sauvage des bois, soit sur des poiriers de semis que l'on nomme *francs*. Ce sont bien là, vous le voyez, les plus proches parents de nos bonnes poires. Mais essayez de les greffer sur pommiers, vous ne réussirez pas, bien que le pommier soit plus proche parent que le cognassier, l'aubépine, le sorbier, le cotoneaster, etc., qui sont du troisième, du quatrième, du cinquième degré et sur lesquels on réussit plus ou moins. Nous ajouterons toutefois que le cognassier ne convient pas à la bergamotte d'Angleterre, à la bergamotte Sylvange, au beurré d'Angleterre, au beurré Napoléon, au beurré Dumortier, au Ferdi-

nand de Meester, au Seckle pear, au beurré gris
d'hiver, ni au doyenné Gombault.

Nous comprenons que le poirier se déplaise sur
le pommier, quoique de la même famille, car la
végétation du premier est plus avancée que celle
du second, en sorte que la greffe de poirier peut
mourir avant que le sujet lui apporte suffisamment de nourriture. En y regardant de près, il y a
lieu de croire qu'on ne tarderait pas à découvrir les
raisons qui empêchent les greffes de certaines variétés de vivre sur le cognassier.

Nous greffons nos pommiers sur le pommier des
bois ou sur des arbres provenant de pepins de pommiers cultivés, autrement dits sur *francs* ou *égrains*,
quand nous voulons des arbres robustes et à haute
tige. Nous greffons sur pommier doucin pour avoir
des arbres de moyenne force, et sur pommier paradis pour avoir des arbres nains. — Vous voyez
que ce n'est pas sortir de la parenté.

Nous greffons nos pêchers sur *francs* de noyaux
de pêche cultivée, mais plus souvent sur amandier
à coque dure et à amande douce, dans les terrains
secs et en climat chaud. En nous rapprochant du
Nord, et déjà sous le climat de la Belgique, nous
avons intérêt à les greffer sur prunier, ou bien, si
nous tenons à avoir des arbres nains, sur le prunellier des haies et le ragouminier, que les botanistes
nomment *cerasus pumila*.—Ce n'est toujours point
sortir de la famille.

Nous greffons l'abricotier sur *francs* de noyaux
d'abricot, prunier de Saint-Julien, amandier et
ragouminier, sujets de la même famille que la
greffe.

Nous greffons le prunier sur *francs* de noyaux
de prunes, sur drageons de Saint-Julien et de

Damas, et aussi sur prunellier. — Nous maintenons donc toujours nos relations de famille.

Nous greffons le cerisier sur *francs* de noyaux de cerise cultivée et sur cerisiers des bois, pour les tiges élevées. Pour les basses tiges, nous le greffons sur l'arbre de Sainte-Lucie. — C'est encore et toujours de la proche parenté.

Nous greffons enfin le néflier sur l'aubépine.

Nous pourrions également le greffer sur le pommier et le poirier, sujets de la même famille.

Nous savons bien que des greffeurs ont réalisé des tours de force et obligé des greffes à vivre sur des sujets qui paraissaient n'avoir rien de commun avec elles ; nous avons même sous les yeux un noisetier greffé sur un charme ; mais les exceptions ne font pas la règle, et nous nous trouvons si mal de violenter la nature, dans la presque généralité des cas, que nous conseillons à nos lecteurs de la contrarier le moins souvent possible.

En février ou mars, vous prendrez vos rameaux à greffer sur des arbres sains, d'un âge mûr et bien exposés.

Les rameaux provenant d'arbres très-jeunes, qui n'ont pas encore produit, reprennent bien, mais sont lents à se mettre à fruits.

Les rameaux d'arbres vieux donnent peu de bois, se mettent vite à fruit et ne sont pas de longue durée.

Les rameaux d'un an sont les meilleurs ; ceux de deux ans fructifient plus tôt, mais, en retour, les arbres qu'ils forment ne vivent pas aussi longtemps.

Les rameaux qui ont poussé verticalement, se développent mieux que ceux qui ont poussé obliquement et horizontalement.

Les vaisseaux de la séve sont mieux ouverts chez les premiers que chez les seconds, et conviennent mieux pour former la tige.

Les greffes héritent des qualités et des défauts de l'arbre qui les a produites, de leur état de maladie comme de leur état de santé.

Vous conserverez ces greffes en lieu frais, cellier ou cave, le pied sur terre et appuyées au mur. C'est plus sûr que de les enterrer tout à fait au jardin ou de les planter par bottes au pied des arbres, où elles sont exposées à souffrir des intempéries.

Les sujets destinés à recevoir les greffes doivent être, autant que possible, vigoureux, sains et bien enracinés. Parmi les sauvageons des bois, beaucoup n'offrent pas ces conditions. Il y en a de mutilés, de vieux quoique jeunes en apparence, de coriaces, qui se nourrissent mal et n'offrent point de passage suffisant à la séve descendante. Alors, celle-ci s'accumule au point d'insertion de la greffe et forme ces bourrelets énormes et disgracieux que nous remarquons si souvent dans les vergers de nos campagnes.

Certaines personnes greffent au printemps sur un sujet planté à l'automne et qui n'a pas eu le temps de former des racines. Dans les terrains frais et sous les climats humides, la greffe reprend assez bien, mais il n'en est pas moins vrai que c'est faire souffrir de nouveau un arbre qui souffre déjà de la transplantation.

Nous en savons qui greffent de vieux arbres pour les rajeunir ; mais nous savons aussi que le calcul n'est pas sûr et que la vieillesse reprend bien vite le dessus.

Quelques personnes, toujours sous les climats

humides où la végétation est plus vigoureuse que
sous les climats secs, greffent souvent sur des sujets
que l'on vient d'arracher à la forêt et ne les trans-
plantent qu'après le greffage. Mauvais, très-mauvais
procédé !

Les sujets ont une influence très-marquée sur
le développement de l'arbre; c'est un fait hors de
doute. Reste à savoir maintenant s'ils ont une influence quelconque sur la nature de la greffe. Ceux-
ci disent oui et parlent de l'âpreté des poires greffées sur sorbier; ceux-là disent non. Pour notre
compte, nous ne sommes pas en mesure de nous
prononcer.

On greffe au printemps, quand la séve commence
à circuler; en mai ou juin, quand les arbres sont
en pleine séve et que les écorces se détachent bien
de l'aubier, et aussi dans le courant de septembre,
quand la circulation de la séve se ralentit. En
traitant de chaque mode de greffage, nous dirons
à quelle époque on doit le pratiquer.

Les formes des greffes varient à l'infini, et c'est
à qui en inventera de nouvelles. Heureusement, si
ces formes diffèrent, le fond reste le même. Il s'agit
d'amener la séve des vaisseaux du sujet dans les
vaisseaux de la greffe; rien de plus, rien de moins.
Or, que l'on boive avec le creux de la main, au
goulot, avec un verre à pied, avec un verre sans
pied ou une tasse à deux anses, c'est toujours
boire.

Toutes les formes de greffes rentrent dans les
trois grandes divisions que voici : 1° Le greffage
par approche; 2° le greffage par rameaux; 3° le
greffage par yeux ou bourgeons.

Les greffes Sylvain, Agricole, Aiton et herbacée
appartiennent à la catégorie des greffes par approche.

Les greffes en fente simple ou Atticus, en fente double ou Palladius, Bertemboise, double V, Lée, anglaise et herbacée, appartiennent à la catégorie des greffes par rameaux, comme lui appartiennent également les greffes en couronne Théophraste et Varin, les greffes de côté Richard et en navette, ainsi que les greffes sur racines Saussure et Cels, et les greffes de branches à fruits en septembre ou en octobre.

Enfin, les greffes en écusson Vitry ou à œil dormant, jouette ou à œil poussant, Desemet ou double. Pœderlé ou sans bois, Lenormand ou boisée, Girardin, Luizet, Miller, Sickler ou sur racines, d'une part; et, d'autre part, les greffes en flûte Jefferson, en sifflet et de faune appartiennent à la catégorie des greffes par yeux ou bourgeons.

VII

PRATIQUE DU GREFFAGE.

Avant de passer à l'exécution des plus importantes de ces greffes, nous devons nécessairement nous procurer les outils nécessaires.

Ces outils sont : 1° la scie ou égohine (fig. 53);

2° La serpette, pour unir la plaie du sujet et le fendre au besoin (fig. 54);

5° Le fendoir, quand la lame de la serpette ne suffit point (fig. 55);

4° Quelques petits coins en bois dur pour maintenir les fentes ouvertes, sans occasionner de déchirures, comme il arrive avec le bec de la serpette ;

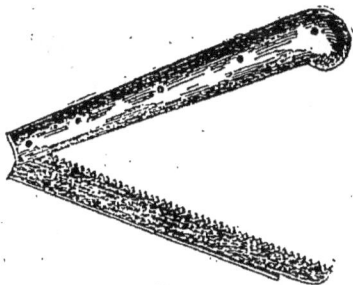

Fig. 53.

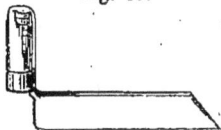

Fig. 55.

Fig. 54.

5° Un greffoir, avec spatule en ivoire, pour préparer les bouts de rameaux, lever les bourgeons, ouvrir l'écorce et la soulever (fig. 56) ;

Fig. 56.

6° Des étiquettes en zinc, pour marquer les variétés d'arbres.

Ajoutez à cela des brins d'osier, du jonc, de la grosse laine ou des écorces de balle à café pour ligaturer, des carrés de linge pour former des poupées, et, si vous le voulez, divers mastics pour recouvrir les plaies.

Ces mastics sont :

1° L'onguent de Saint-Fiacre, qui est un mélange de terre glaise, de regain ou d'herbes sèches, ou bien encore un mélange de 2/3 de terre argileuse et de 1/3 de bouse de vache. De la Bretonnerie préférait la première composition et en faisait une sorte de torchis, de cordon grossier qu'il roulait autour et au-dessus des greffes en fente, en pressant et formant la boule. La seconde composition est plus généralement employée dans nos campagnes et par les jardiniers qui n'ont que peu de greffes à faire. Une fois la plaie recouverte, ils pressent avec la main pour former la boule et recouvrent de linge.

2° Le mastic des Romains, qui se composait de bonne terre avec de la lie d'huile.

3° Un mélange de terre, de menu foin, de mousse, de crin et de laine hachés.

4° La cire à greffer. *Le bon jardinier* recommande la composition suivante : 5 parties de poix noire, 1/8 de résine, 1/8 de cire jaune, 1/8 de suif, mélange auquel on peut ajouter un peu de brique pilée. On fait fondre et l'on ne s'en sert que lorsque les doigts peuvent en supporter la chaleur.

M. Hardy, jardinier en chef au palais du Luxembourg, prépare pour son usage une cire à chaud et une cire à froid. Pour la première, il fait fondre 500 grammes de poix blanche de Bourgogne, 120 grammes de poix noire, 120 grammes de résine, 100 grammes de cire jaune et 60 grammes de suif. Il mélange le tout pendant la fusion et s'en sert avec un pinceau, en ayant soin de ne pas la tenir trop chaude.

Pour la seconde ou cire à froid, M. Hardy fait fondre 500 grammes de cire jaune, 500 grammes de térébenthine grasse, 250 grammes de poix blanche de Bourgogne et 100 grammes de suif. Il en forme ensuite des bâtons et les ramollit avec la chaleur de ses mains, avant de l'employer.

5° Un englument, composé de : une partie de cire et de poix, ou de poix et de suif, ou de cire pure, ou suif pur.

6° Le ciment de Forseytht, ancien jardinier d'un roi d'Angleterre. — Il fabriquait le ciment en question avec un boisseau de bouses de vache, un demi-boisseau de plâtre de vieux bâtiment, un demi-boisseau de cendre de bois, et la sixième partie d'un boisseau de sable de rivière. Il tamisait chaque substance séparément, les mélangeait ensuite et les délayait avec de l'urine ou de l'eau de savon. Dès que Forseyth avait appliqué son ciment, il le saupoudrait de cendres et de poudre d'os brûlés.

Nous pourrions vous indiquer encore plusieurs compositions; mais, depuis deux ans que les cires ne nous réussissent guère, tandis que l'onguent de Saint-Fiacre nous réussit à merveille, nous sommes presque tenté de nous ranger à l'avis de Roger Schabol, qui disait : — « Je bannis l'usage de la » cire, tant de la blanche que de la verte employée » aux orangers par goût de propreté. C'est un des- » siccatif et par conséquent elle retarde la réunion » des parties et fait fendre, souvent même éclater » l'écorce, en la séparant du bois qu'elle gerce. » Il repoussait également les onguents. — Plus tard, Thouin écrivait : — « Après nous être servi de » toutes les petites recettes d'emplâtres à greffer » qui occupent de grandes places dans les livres, » nous avons reconnu que celui qui est le plus » anciennement employé, sous le nom d'onguent

» de Saint-Fiacre, est le meilleur pour la plus grande
» partie de ces sortes de greffes. »

A présent, si vous le permettez, mettons-nous à
l'œuvre et greffons. Choisissons pour cela, autant
que possible, un temps calme et couvert, car le
vent et le soleil produisent une trop grande évaporation et font échouer beaucoup de greffes.

GREFFAGE PAR APPROCHE. — Je commence par le
greffage qui consiste en un simple rapprochement
de tiges, branches ou rameaux, sans qu'il soit besoin de séparer d'abord la greffe de l'arbre mère.
C'est le procédé le plus simple, le plus naturel, le
plus ancien vraisemblablement, puisque la nature
et le hasard l'ont pratiqué de tout temps dans les
forêts. De jeunes arbres, qui se touchent, se serrent
et usent leurs écorces, jusqu'à l'aubier, par le frottement, finissent par se souder l'un à l'autre et par
vivre à la manière des frères siamois. Deux fruits,
rapprochés dès leur jeunesse, se soudent aussi, se
doublent de fois à autres. La nature nous ayant
fourni les modèles, l'homme n'avait plus qu'à co-
pier. C'est ce qu'il a fait.

Voici, je suppose, deux jeunes arbres, élevés l'un
à côté de l'autre, et pouvant se greffer celui-ci sur
celui-là. Je les rapproche au printemps, je les
croise, uniquement d'abord pour prendre mes me-
sures et marquer les points de rencontre. Après
cela, j'enlève un écusson de même longueur et de
même largeur sur chacun d'eux, et de manière à
mordre jusqu'à l'aubier ou jusqu'au bois dur. J'o-
père le plus rapidement possible ; j'unis bien les
plaies avec la lame du greffoir, pour que, appli-
quées l'une sur l'autre, elles se joignent par tous
les points ; je les rapproche définitivement au moyen
d'une ligature et j'enduis de cire le dessus du point

de jonction, pour empêcher l'eau de pluie de pénétrer. Je ne serre pas dans toute la rigueur du
mot; je n'étrangle pas les écorces, je me borne à
maintenir, ou bien, si je serre un peu, c'est plutôt
au-dessous de la greffe qu'au-dessus; autrement, la
séve descendante n'arriverait pas à destination et
n'opérerait pas la soudure. C'est précisément pour
cela que les greffeurs ont si grand soin de recommander de desserrer quand le bourrelet commence
à se produire. En ce moment, la greffe se soude.
Je l'incise tout de suite au-dessous du point de
croisure et au tiers de son épaisseur, afin de la sevrer un peu. Huit jours plus tard, je l'incise aux

deux tiers de son épais-
seur, afin de la sevrer davantage, et, enfin, quelques
jours plus tard, je la sépare
entièrement de son pied et la
force à vivre seulement de
la séve du sujet, dont j'enlève la tête le plus près possible du point de soudure.
Voilà, en deux mots, l'exécution de la greffe par approche
Sylvain (fig. 37).

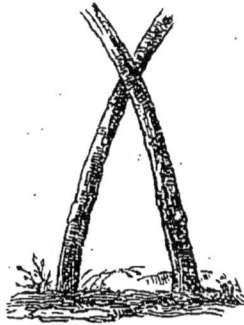

Fig. 37.

La greffe par approche Agricola diffère si peu de
celle-ci, qu'il n'est pas nécessaire de s'en occuper.

Mais la greffe anglaise par approche ou greffe
avec esquilles (fig. 58) ayant le mérite de présen-
ter beaucoup de solidité, il est bon que je vous
l'enseigne.

Voici mon sujet et ma greffe. Je fais une entaille
à l'un et à l'autre, ou, si vous aimez mieux, j'enlève un écusson à chacun d'eux, au point marqué
pour leur rencontre. Ceci fait, je fends l'une des

entailles par le milieu, de haut en bas, et je fends
également l'autre par le milieu, de bas en haut.

J'agrafe ensuite les es-
quilles et maintiens les parties soudées avec de la grosse
laine (fig. 39).

Ce mode de greffage ne
présente pas une grande
utilité aux cultivateurs d'arbres fruitiers et ne con-
vient guère qu'au noyer,
au figuier, au mûrier et à
la vigne; et, encore, dans
la plupart des cas, avons-
nous de l'avantage à em-
ployer d'autres procédés.

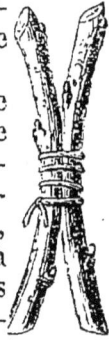

Fig. 58.

Fig. 39.

Le seul greffage par approche qui nous rende
des services signalés, c'est celui qui consiste à souder, sur des branches dénudées, des rameaux jeunes
encore, herbacés ou incomplétement aoûtés, et qui
nous permet, par conséquent, de garnir des vides
désagréables à l'œil.

Le greffage herbacé par approche convient à
tous les arbres fruitiers (fig. 40). Il consiste à
fixer, sur une ou plusieurs branches dénudées,
un ou plusieurs rameaux, ménagés dans ce but
et dans le voisinage des dites branches. J'entaille
les branches en dessus ou sur le côté ; j'entaille de même les rameaux en dessous ou sur le
côté, de façon que les deux plaies soient en regard
et se raccordent bien, et je m'arrange en sorte que
le rameau soudé porte un bourgeon juste au-dessus du point de soudure.

Je termine l'opération, comme précédemment,
par la ligature et les sevrages successifs.

GREFFAGE PAR RAMEAUX ET EN FENTE. — Je greffe
en fente des tiges ou branches de la grosseur du
pouce, et même moins, jusqu'à huit ou dix centimètres de diamètre. Suivez bien : — En février ou

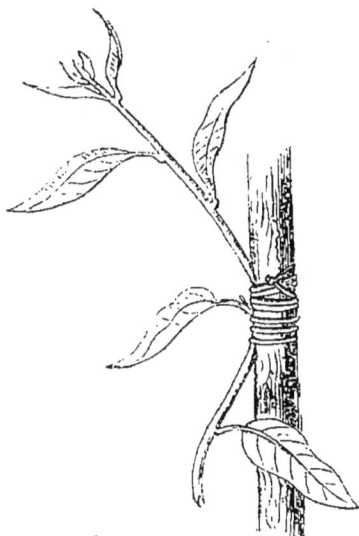

Fig, 40.

en mars, quand je taille mes arbres, je fais, avec
les plus jolis rameaux de chaque arbre, une botte
de greffes pour mon usage personnel et celui de
mes amis. Autant d'espèces et de variétés distinctes, autant de bottes de greffes. Il s'agit, après cela,
de les conserver en bon état des semaines et quelquefois des mois. En ceci, je n'imite pas les jardiniers qui ouvrent un trou de huit à dix centimètres
pour enterrer le pied des rameaux coupés auprès
de l'arbre qui les a fournis, car le froid, le chaud
et les pluies peuvent les détériorer ou les perdre

entièrement; si même la saison était favorable, ils
pousseraient trop vite leurs feuilles, en bottes, ce
qui serait un autre inconvénient. J'aimerais mieux,
à la rigueur, les coucher et les enterrer tout à fait
à la manière de certains amateurs. Le plus ordinairement, j'attache une étiquette en bois ou en zinc
à mes bottes de rameaux, afin de ne pas les con-
fondre entre elles, puis, je les enveloppe de mousse,
les porte dans la cave et les place debout sur terre
et contre le mur, comme je vous le disais tout à
l'heure.

Dès que je ne redoute plus la froidure et que la
séve remue partout, je me prépare à greffer. Il y a
de l'inconvénient à trop se hâter; des contre-temps
peuvent survenir, compromettre les greffes ou les
faire *bouder* sur le sujet. Mieux vaut une opération
tardive que précipitée, un greffage de mai qu'un
greffage de mars. Je commence par les cerisiers;
je continue par les poiriers et les pruniers; je finis
par les pommiers, qui ne poussent qu'en dernier
lieu.

Je place mes rameaux à greffer dans un panier
couvert ou dans une boîte de fer-blanc, pareille à
celles qu'emploient les botanistes dans leurs excur-
sions; je prends ma scie, ma serpette, mon fendoir,
mon greffoir, mes coins de bois, mes ligatures, mes
morceaux de linge, mon onguent de Saint-Fiacre,
et me mets tout de suite à la besogne, par un temps
calme et couvert.

Je scie les tiges de mes sujets à 12 ou 15 centimètres du sol, ou les branches des arbres à greffer
à 5 ou 6 centimètres d'un rameau ou d'un œil bien
conformé. J'unis le trait de scie avec la serpette,
afin que la plaie soit bien nette (fig. 41); je taille
la partie coupée en bec de sifflet (fig. 42), si je n'ai

qu'une greffe à appliquer, afin d'occuper la séve à refaire du bois et de prévenir la formation d'un gros bourrelet; ou bien, je laisse la coupe telle quelle, lorsque j'ai deux greffes à insérer.

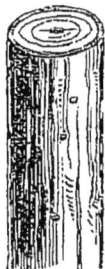
Fig. 41.

Fig. 42.

Si les tiges où les branches à greffer ne sont pas fort grosses, j'applique le taillant de ma serpette sur le milieu de la plaie, je l'entame à la force du poignet, et, au fur et à mesure que la lame mord et pénètre dans le bois, je lui imprime un mouvement de bascule, de façon à couper l'écorce et à prévenir le plus possible ses déchirures. Quand la fente a de 5 à 6 centimètres de profondeur à peu près, j'y engage un petit coin et je retire ma serpette (fig. 43).

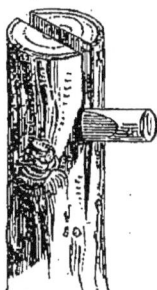
Fig. 43.

Lorsque les tiges ou les branches à greffer sont grosses, j'emploie le fendoir au lieu de la serpette. De la main gauche, j'applique ce fendoir sur le milieu de la partie coupée, et, de la main droite, je frappe le dos de la lame avec un petit maillet ou un morceau de bois quelconque.

Aussitôt les fentes ouvertes, je prends un rameau dans mon panier ou ma boîte de fer-blanc; je le divise en autant de morceaux que le permet sa longueur, et, avec le greffoir, je taille ces morceaux rapidement et nettement en lame de couteau, sur une longueur de 3 à 4 centimètres, à partir de la base d'un œil, avec deux crans à l'origine (fig. 44), et de façon que le premier œil de la greffe se trouve en dehors et dans le sens de l'insertion, lorsque la greffe est insérée. La hauteur du bout du rameau ou scion, au-dessus du sujet, dépend du climat et du terrain. En Ardenne, il doit avoir au moins trois bourgeons, et il n'y a pas d'inconvénient à lui en laisser quatre et cinq, parce que la séve est abondante; en France, dans les terrains secs et sous un climat doux, la greffe ne porte le plus souvent que deux bourgeons; elle en porterait trois et quatre dans les terrains frais que les choses n'en iraient que mieux. Cela fait, j'introduis les greffes dans les fentes (fig. 45 et 46), de manière à mettre bien en rapport les secondes écorces et l'aubier du sujet et du rameau. Il ne faut pas que les écorces extérieures se raccordent, car ce sont des parties mortes

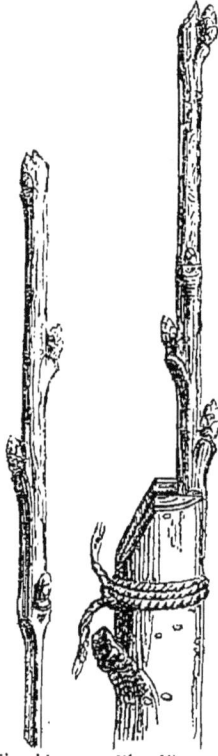

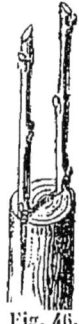

Fig. 44.   Fig. 45.   Fig. 46.

qui ne signifient rien. La greffe doit donc rentrer un peu et être légèrement inclinée de la tête sur le sujet. On est sûr alors qu'elle rencontre la séve quelque part.

Il va sans dire que j'enlève les coins en même temps que j'introduis les greffes et que les parties du sujet se rapprochent d'elles-mêmes et emprisonnent solidement les greffes en question. Tou-

tefois, je vous ferai observer qu'il est toujours
prudent de ligaturer pour maintenir, après quoi
l'on applique la cire à greffer ou l'onguent de
Saint-Fiacre, avec un linge par-dessus, afin d'empêcher l'eau, l'air et le soleil de pénétrer dans la
plaie.

Si j'ai greffé trop tôt, il peut arriver que l'atmo-
sphère se refroidisse, que la circulation de la séve
se ralentisse, que mes greffes, après avoir donné
signe de vie, s'arrêtent et se flétrissent. Je n'en
désespère pas pour autant. Elles peuvent repartir
plus tard. C'est ce qui m'est arrivé l'année dernière. Néanmoins, il peut arriver aussi qu'elles
soient sérieusement compromises et n'en revien-
nent pas.

Lorsque les greffes sont bien reprises et en pleine
végétation, rien ne m'empêche d'arrêter le développement des rameaux dont je n'ai pas besoin, de
les pincer à leur extrémité et de réserver la séve au
rameau supérieur, qui doit avoir notre préférence.
Lorsque j'ai placé deux greffes sur le même sujet,
je peux également, après la reprise, supprimer
l'une des deux, en la sevrant à diverses reprises,
avant de l'enlever tout à fait. Elle était utile, au
moment de l'opération, pour absorber une partie
de la séve du sujet et prévenir une indigestion ; elle
devient inutile dès que l'autre greffe en pleine
pousse suffit à donner issue à cette séve et à recouvrir la plaie. Dans le cas contraire, on ferait bien
de conserver les deux greffes.

S'il est d'usage de n'employer, pour le greffage,
que des rameaux détachés depuis plusieurs semaines
du pied-mère, il n'en est pas moins vrai cependant que des rameaux utilisés de suite et tout frais,
reprennent très-bien. Je l'affirme par expérience.

Autrefois, il était d'usage *d'éboter* les sujets en février, en même temps que l'on coupait les rameaux à greffer. Cette opération de l'ébotage consistait à scier les sujets destinés à être greffés, avant l'arrivée de la séve. Quand venait le moment d'appliquer la greffe, on se contentait de rafraîchir la plaie avec la serpette. Nous avons rompu avec cet usage, et peut-être avons-nous eu tort.

Voilà ce que j'avais à vous dire concernant le greffage en fente du printemps. Il ne me reste plus qu'à ajouter un mot relativement au greffage en fente de la fin de l'été et du commencement de l'automne et du greffage sur racines.

Dans les pays froids, le greffage de la fin de l'été et du commencement de l'automne devrait être souvent préféré au greffage du printemps. On le pratique de la même manière que celui-ci, avec des rameaux de l'année bien formés, dont on ne supprime que la partie verte des feuilles, en ménageant la queue ou pétiole qui nourrit et protége à sa base le petit bourgeon de l'année. Ces greffes, placées en septembre ou même au commencement d'octobre, alors que la circulation de la séve est très-ralentie, se soudent purement et simplement et ne se développent qu'au printemps de l'année suivante. Les vieux auteurs parlent de ce procédé ; les nouveaux n'en disent pas grand'chose ou se taisent, mais des arboriculteurs du Lyonnais en font beaucoup de cas, et, ces années dernières, un jardinier d'Anvers le recommandait tout particulièrement.

Vous pouvez greffer des rameaux à fruit, c'est-à-dire chargés de boutons à fleurs (fig. 47), aussi bien que des rameaux ordinaires. A ce propos, M. Puvis a écrit : — « Un jardinier, dont nous regrettons

» d'ignorer le nom, a exposé à Lyon des branches
» nombreuses, chargées de fruits, greffées en fente
» l'année précédente. Il applique ses greffes comme
» à l'ordinaire, les couvre, sans
» nécessité peut-être, avec une
» petite enveloppe de papier ; au
» printemps, les fleurs se déve-
» loppent comme si les branches
» n'avaient subi aucune opéra-
» tion. Ce procédé a été imité, et
» madame Frémion, entre autres,
» femme d'un des meilleurs jar-
» diniers de Bourg, a couvert
» plusieurs quenouilles rebelles
» de greffes en fente au mois d'oc-
» tobre dernier ; ces greffes ont
» passé l'hiver sous leur abri de
» papier, et elles développent
» leurs fleurs en ce moment. »
Il va sans dire que l'on ne greffe
ainsi que des branches d'arbres
vigoureux et difficiles à mettre à
fruit.

On peut opérer la greffe en
fente sur racines. C'est facile à
comprendre ; — Les racines des
arbres n'étant, en définitive, que
des branches souterraines, vivant
de la même vie que les autres
branches, il est évident qu'on peut
les soumettre à l'opération du greffage ; et c'est ce que l'on fait. Le

Fig. 47.

tronc d'un de mes arbres se trouve, je suppose,
rompu, anéanti. Je le scie jusqu'au collet des racines, j'unis la plaie, et j'y greffe en fente deux ra-

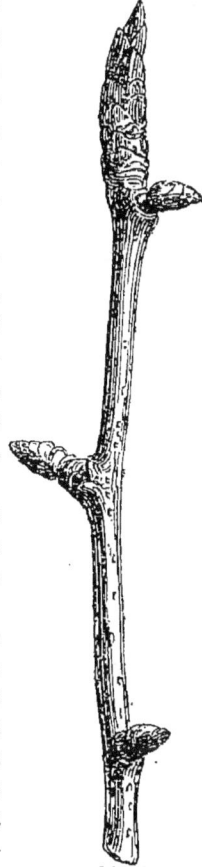

6

meaux, pour n'en conserver qu'un seul la seconde
année. Ou bien encore, j'ai un arbre auquel je ne
tiens pas. Je soulève hors de terre quelques-unes
des racines rapprochées du collet, je les greffe en
fente, et, l'année suivante, je les détache d'un
coup de bêche ou de cognée et les transplante à demeure.

Au fur et à mesure que le greffage d'un arbre est
exécuté, on doit le marquer d'une étiquette en zinc,
indiquant la variété greffée.

Vous prendrez, à cet effet, une plaque de zinc,
que vous laverez avec de l'eau de lessive ou de savon ; vous y ferez découper des étiquettes par un
ferblantier, et vous écrirez le nom des variétés avec
de l'encre composée de noir de fumée, de sel ammo-
niac et de vert-de-gris. Les pharmaciens connais-
sent cette composition.

Une fois l'encre séchée, vous l'imbiberez d'huile
de lin, de noix ou de chanvre, au moyen d'un petit
tampon de ouate, et laisserez sécher de nouveau.
Les caractères, ainsi tracés et préparés, se main-
tiendront parfaitement.

Greffage de rameaux en couronne. — Quand
j'ai affaire à de fortes tiges ou à de fortes branches, j'y regarde à deux fois avant de les greffer en
fente, parce que les ouvertures ne se guérissent
pas aisément sur le vieux bois. Dans ce cas, j'ai
recours au greffage en couronne, et j'attends le moment de la pleine sève, ordinairement le mois de
mai. Pour qu'en attendant, mes rameaux ne souffrent pas trop en cave, je leur mets le pied dans
une pâte de terre glaise ou dans des tubercules de
pommes de terre.

L'heure du greffage arrivée, je scie mes sujets à
quelques centimètres du sol, ou les branches à peu

de distance de la tige ou d'un rameau vigoureux. J'unis la plaie avec la serpette; je sépare les écorces de l'aubier au moyen de la spatule du greffoir ou d'un morceau de bois aminci, de manière à ne pas les déchirer ou à les déchirer le moins possible, et aussitôt après, j'insère, entre le liber et le bois blanc, des greffes préparées lestement, et au nombre de 4, 5, 6, 8 et plus, selon le volume du sujet, et à 2 ou 3 centimètres l'une de l'autre (fig. 48). Ces greffes ne sont taillées que d'un seul côté en bec de plume, et ont, au-dessous du premier œil, un cran qui repose sur la plaie du sujet et les consolide. Je ligature, seulement pour les soutenir; puis je garnis la plaie d'un mastic.

Un ou deux rameaux seulement ne suffiraient point à absorber la grande quantité de séve disponible et périraient; ils ne suffiraient pas non plus à recouvrir la coupe en se développant. Voilà pourquoi j'en

Fig. 48.

insère un nombre plus considérable, que je suis libre de réduire, d'année en année, par des pincements, des sevrages et des suppressions.

En Belgique, on greffe souvent en couronne des tiges ou des branches que l'on pourrait greffer en fente. C'est un tort, car les rameaux engagés dans le bois sont plus solides et résistent mieux aux coups de vent que les rameaux insérés entre l'écorce et l'aubier.

Greffage de rameaux par côté. — Ce procédé a une grande ressemblance avec le précédent. Une supposition : — je tiens à regarnir une branche dénudée, à combler un vide. J'attends, comme précé-

demment, que l'arbre soit en pleine séve, et je fais,
avec le greffoir, une incision transversale, püis une
incision longitudinale, en sorte que j'imite un **T**.
Au-dessus de l'incision transversale, je pratique
une légère entaille, puis je soulève les écorces coupées, et j'insère un bout de rameau taillé en bec de
plume, très-aminci à l'extrémité, exactement comme
pour le greffage en couronne; puis, je ramène les
écorces en dessus, je ligature et enduis de mastic
(fig. 49).

Si je ne vous entretiens ni
du greffage des rameaux au
moyen de l'emporte-pièce ou
au moyen de la petite tarière,
ni du greffage par enfourche-
ment, ni de la greffe génoise,
ni de la greffe en navette, c'est
parce que je ne comprends pas
la nécessité de compliquer inuti-
lement ce travail par des opérations de fantaisie. S'il nous était
possible de raccourcir les mots,

Fig. 49.

les lignes et les livres, nous n'y manquerions point,
soyez en sûrs.

Du greffage par yeux ou bourgeons. — Je commence par la pratique de l'écussonnage, comme
l'on dit en France, ou de l'inoculation, comme l'on
dit en Belgique. Mais d'abord qu'est-ce qu'un œil
ou bourgeon? C'est en quelque sorte un tout petit
œuf, placé à l'aisselle d'une feuille, et d'où peut
sortir un rameau qui deviendra branche ou tige,
selon les besoins. Le greffage d'un bourgeon a le
double mérite d'être expéditif et de ne pas occasionner de fortes plaies. Voilà pourquoi on le pré-
fère pour les arbres à fruits à noyaux, chez lesquels

les amputations importantes déterminent la formation de la gomme. Tels sont l'abricotier, le pêcher, le prunier et le cerisier très-jeune.

L'écussonnage se pratique à deux époques de l'année : 1° de la fin d'avril à la seconde quinzaine de mai, quand on veut que le bourgeon se développe et devienne un rameau dur avant l'hiver; 2° de la fin de juillet au commencement de septembre, quand on veut tout simplement souder la greffe et ajourner la pousse du bourgeon au printemps suivant. Voilà pourquoi nous avons l'écussonnage à œil poussant ou de la première séve, et l'écussonnage à œil dormant ou de la seconde séve.

Écussonnage à œil poussant. — Je choisis une jeune tige ou un rameau d'un an, pour placer ma greffe. Je taille cette tige ou ce rameau au-dessus d'un bourgeon développé ou au-dessus d'un œil bien conformé. Puis, à quelques lignes au-dessous, je pratique avec le greffoir deux incisions en forme de **T.** Cela fait, je prépare ma greffe au moment de l'appliquer, et je m'y prends ainsi. Je commence par découper l'écorce en forme d'ovale, autour de l'œil, et, le pouce appuyé à la base de cet œil, je l'enlève avec la lame du greffoir et de façon à ne pas l'entamer en dessous (fig. 50). Si j'ai pris trop de bois, j'en ôte une partie avec précaution; si ce bourgeon est accompagné d'une feuille, j'enlève tout le limbe et ne ménage que la queue. Il ne me reste plus

Fig. 50.

qu'à soulever avec la spatule du greffoir les bords de l'incision que j'ai pratiquée tout à l'heure, à insérer l'écusson jusqu'au fond, à ramener les écorces par dessus et à ligaturer avec de la grosse laine, de façon à empêcher l'air et l'eau de pénétrer dans la plaie, mais sans gêner ni recouvrir

6.

l'œil. D'autres fois, je ne prends point la peine de
tracer un ovale autour de l'œil, je l'enlève purement
et simplement de son rameau, en mordant très-peu
d'abord avec le greffoir, puis un peu plus quand je
passe sous le bourgeon, puis de moins en moins
après le passage. C'est plus tôt fait.

Il m'arrive aussi, de temps en temps, d'in-
ciser l'écorce du sujet en forme de ⊥ ren-
versé (fig. 51).-Cette forme a l'avantage de
bien défendre la greffe contre l'eau des pluies,
mais elle est moins expéditive que la première.

Par cela même que la tige ou le rameau
greffé a la tête coupée, la séve se porte de
suite en quantité suffisante sur l'écusson pour
le souder et développer le bourgeon. Il ne

Fig.51. faut pas enlever trop vite le rameau qui
pousse au-dessus de la greffe ou dans son proche
voisinage; il ne faut que le pincer à l'extrémité,
l'empêcher de prendre trop de nourriture et l'entretenir ainsi jusqu'à ce que la greffe ait de la
vigueur.

On reconnaît, au bout de 12 à 15 jours, qu'un
écusson reprend, à sa couleur verte et vive et au
bourrelet qui se forme, ou bien encore lorsque,
portant le pétiole d'une feuille, il suffit de toucher
légèrement ce pétiole ou même de souffler dessus
pour qu'il se détache. C'est alors le moment de
couper la ligature du côté opposé à la greffe. Inutile
de l'enlever après l'avoir coupée.

On commence l'écussonnage par les abricotiers
et pêchers sur prunier, on continue par les cerisiers, les poiriers, et l'on finit par les pêchers sur
amandier et les pommiers.

Écussonnage à œil dormant. — On pratique

cette opération à partir de la fin de juillet jusqu'en
septembre, et exactement de la même manière que
la précédente, en ayant soin de prendre les greffes
sur des arbres en état de fructification, et de ne
pas couper la tête des sujets, de ne pas même la
tailler légèrement. L'écusson reçoit assez de séve
pour se souder, mais pas assez pour pousser, car
les parties supérieures du sujet l'affament. Au
printemps suivant, on taille à deux lignes au-dessus de la greffe, et elle se développe.
Dans le cas où elle aurait de la tendance à pousser la première année,
on devrait couper et desserrer de
suite la ligature.

Écussonnage de boutons à fleurs.
Vers la fin d'août ou au commencement de septembre, on peut écus-
sonner des boutons à fleurs de la
même manière que des bourgeons
à feuilles, et forcer ainsi des arbres
stériles à fructifier dès l'année suivante (fig. 52 et 53).

Fig. 52.   Fig. 53.

Écussonnage par plaques. — Le placage des
bourgeons n'est qu'une variété de l'écussonnage
ordinaire. Quand l'arbre est bien en séve, on en
détache une plaque d'écorce avec un œil au milieu; on l'applique sur le sujet, dont on vient
d'enlever une plaque de même dimension, et l'on
maintient par une ligature et de l'onguent de Saint-
Fiacre.

Certains greffeurs parlent du placage comme
d'une nouveauté. Ils ont tort; c'est au contraire un
vieux procédé. Columelle, qui écrivait il y a plus
de dix-huit cents ans, en parlait dans les termes
que voici : — « Sur l'arbre que vous désirez pro-

» pager, choisissez des rameaux jeunes et bien
» lisses, qui aient un bouton bien apparent, et
» vous aurez l'espoir fondé d'une bonne réussite.
» Tracez autour de cet œil un carré dont chaque
» côté soit de deux doigts et dont il occupera le
» milieu ; puis, avec un scalpel bien affilé, enlevez
» ce carré, détachez-le soigneusement afin de ne
» pas blesser le bouton. Ensuite, sur l'arbre que
» vous voulez greffer, faites choix d'un rameau
» très-franc que vous mettrez à nu, et vous y adap-
» terez l'écusson préparé de manière qu'il occupe
» exactement tout le point écorcé. Après cela, liez
» soigneusement cet écusson en haut et en bas,
» prenez garde d'en blesser l'œil, et enduisez de
» boue les lèvres de la plaie et les ligatures, en
» ménageant un intervalle jusqu'au bouton, afin
» que celui-ci soit libre, et ne soit pas gêné par la
» ligature. »

Du greffage en flûte ou sifflet. — C'est encore
et toujours une variété de
l'écussonnage. On choisit
deux rameaux d'un même
diamètre, l'un sur le sujet,
l'autre sur la greffe, ce dernier avec un œil, bien entendu. On enlève des an-
neaux d'écorce de même
hauteur et l'on ajuste celui
de la greffe à la place de
celui du sujet, en prenant
la précaution d'écraser un
peu les bords de la plaie
au-dessus de la greffe pour
l'empêcher de sortir de son moule au moment de
la reprise. D'autres fois, on découpe l'écorce du

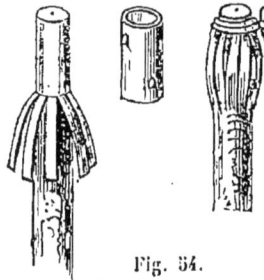

Fig. 54.

Fig. 55.

sujet en lanières retombantes, et dès que la greffe
est placée, on relève ces lanières et on les ligature
pour maintenir cette greffe (fig. 54 et 55).

On ne se sert de ce procédé que très-rarement,
sur le châtaignier, le noyer et le mûrier.

VIII

DE LA TRANSPLANTATION DES ARBRES.

Soit que l'on greffe sur des sujets qui ne doivent
plus changer de place, soit que l'on greffe sur les
sujets en pépinière pour les enlever plus tard et les
mettre à demeure, il faut, dans l'un et l'autre cas,
opérer la transplantation de l'arbre non greffé
comme celle de l'arbre greffé. Or, cette opération,
sans que l'on s'en doute, est d'une importance ca-
pitale. La reprise, la belle venue, la beauté des
fruits, la santé et la durée de l'arbre sont subordon-
nées à la plantation ; on ne saurait donc lui donner
trop de temps ni trop de soins.

Le succès de la transplantation ne dépend pas
seulement de la qualité du sol ; elle dépend aussi de
l'âge des arbres que l'on transplante. Plus ils sont
jeunes, plus la reprise est assurée; néanmoins, sous
les climats humides, on n'y regarde pas de très-
près, et il n'est pas rare d'y voir déplacer des arbres
de dix, quinze à vingt ans qui périraient imman-
quablement dans les contrées tempérées ou chaudes,

à moins de précautions infinies, à moins d'enlever la motte, d'entourer de mousse le tronc jusqu'aux premières branches, et d'arroser. En Ardenne, on se dispense de ces précautions et la reprise n'en a pas moins lieu, le plus souvent. Quoi qu'il en soit, ce n'est pas une pratique à conseiller, et nous ne la conseillons pas. Voici pourquoi : — La transplantation d'un gros arbre est toujours suivie d'un grand malaise; la fructification devient très-abondante, les fruits se développent incomplétement, le bois souffre et la vie du sujet se trouve singulièrement escomptée.

Mieux vaut transplanter à l'automne qu'au printemps, surtout dans les terrains secs et sous les climats chauds. La reprise commence avant l'hiver; et, quand viennent les premières chaleurs du printemps, les nouvelles racines sont en état de remplacer les liquides enlevés par l'évaporation. Cependant, sous les climats brumeux, pluvieux et dans les terrains frais, les plantations du printemps réussissent presque aussi bien que celles d'automne. Il y a mieux : j'ai pu sauver tous mes arbres, plantés au printemps de 1858, dans un sol d'une sécheresse extrême, en coteau et à l'exposition du midi, rien qu'en prenant la précaution d'asseoir leurs racines sur de la vieille tannée, arrosée pendant l'hiver avec des eaux de savon et de lessive, et en plantant, entre les lignes, des rangées de topinambours pour jeter de l'ombre.

Vous saurez que les arbres greffés sur cognassier conviennent mieux aux terrains humides et frais qu'aux terrains secs.

Vous saurez que les arbres qui cherchent à s'élever, et redressent leurs branches, comme le poirier, ont de longs pivots et veulent un sol profond.

Vous saurez aussi que les arbres qui ont de la
tendance à allonger leurs branches horizontalement,
ont des racines plus ou moins traçantes, comme le
pommier, le cerisier, le noyer, et se contentent de
terrains d'une médiocre profondeur.

Vous saurez enfin que les distances à réserver
entre les arbres, varient avec les espèces, la nature
des sujets, les formes adoptées et le climat. Ainsi,
les pommiers occupent plus de place que les poiriers ; les arbres greffés sur franc en occupent plus
aussi que les arbres greffés sur des sujets de petite
taille, comme le cognassier, le prunellier, l'aubépine, le doucin, le paradis ; les arbres en forme de
quenouille, de pyramide, de vase, n'exigent pas, à
beaucoup près, autant d'espace que les arbres de
haute-tige ou de plein-vent ; enfin, les arbres des
climats et des terrains secs prennent moins de
place que ceux des climats et des terrains humides.
Vous laisserez, en Belgique, de dix à douze mètres
entre les plein-vents ; de six à huit mètres entre les
poiriers en espalier ; de trois à quatre mètres entre
les pyramides ; de huit à douze mètres entre les pêchers et les abricotiers. Sous le climat de Paris,
vous pourriez réduire de deux mètres chacune de
ces distances.

Vous saurez que les arbres à branches étalées,
horizontales, ou à branches courbées vers leur
extrémité, se mettent plus vite à fruit que les arbres à branches redressées et presque verticales.

Vous saurez, en outre, que les arbres de pépinière qui n'ont pas la peau lisse et claire, ou qui se
dépouillent de leurs feuilles à l'automne par le sommet, ne sont pas d'une santé robuste. C'est pour
cela que l'on choisit et que l'on marque ordinairement les arbres à acheter et à transplanter, dès le

courant de septembre, avant la chute complète des feuilles.

Ces observations faites, nous rappellerons à nos lecteurs qu'un terrain profondément défoncé à l'avance est plus propre que tout autre à une plantation d'arbres. Malheureusement, très-peu de personnes consentent à s'imposer ce sacrifice; on aime mieux ouvrir des fosses de loin en loin sur un sol non remué. Parlons donc de ces fosses.

On doit les ouvrir longtemps avant la transplantation, six mois, trois mois, ou six semaines au moins, afin que l'air ait la latitude nécessaire pour améliorer la terre du fond. Chacune de ces fosses doit avoir au moins un mètre cube, ou mieux encore deux mètres de côté sur un mètre de profondeur. Cependant quelques personnes réduisent la profondeur à soixante-quatre centimètres, afin de gêner le pivot et d'obliger les grosses racines à tracer. De cette manière, la fructification arrive plus vite; mais, en retour, les arbres vivent moins longtemps.

Vous commencerez par mettre la bonne terre de la fosse sur l'un des bords, puis vous placerez la terre vierge à part sur les autres bords.

Au jour ou la veille de la transplantation, vous amènerez une brouettée de compost ou de terreau près de chaque fosse. Si c'est au printemps ou en terrain sec, vous choisirez un compost ou un terreau très-frais; si c'est à l'automne ou en terrain frais, vous préférerez un compost bien ressuyé.

Ces préparatifs achevés, vous déplanterez vos jeunes arbres de pépinière, de façon à endommager le moins possible les racines, c'est-à-dire en ouvrant des tranchées à une certaine distance du tronc et en minant de chaque côté avec la houe. Vous pratiquerez cette opération par un temps couvert, ou le matin, jusqu'à dix heures, ou à partir de quatre heures de l'après-midi, afin de soustraire les racines à l'action trop vive du soleil. Dans le cas où vos jeunes arbres auraient été achetés chez un pépiniériste, vous mouilleriez un peu la paille d'emballage avec l'arrosoir à pomme et ne les transplanteriez que le lendemain, par un temps couvert ou une heure avant le coucher du soleil.

Au moment venu pour transplanter, vous prendrez un aide, car une seule personne ne saurait suffire à la besogne. Vous jeterez le compost dans les fosses et le foulerez légèrement. Sur ce compost foulé, vous répandrez une partie de la bonne terre extraite du trou, et en assez grande quantité pour que l'arbre assis sur cette terre ne se trouve pas plus profondément enfoui qu'il ne l'était dans la pépinière. C'est un point essentiel à observer, car les racines trop enfouies empêchent la fructification pendant de longues années.

Dans le cas où vous auriez affaire à de la terre bien compacte, bien serrée, il serait de votre intérêt de mêler un peu de pierraille, de cailloux avec la bonne terre, afin de prévenir la compacité et de permettre à l'air et à l'eau de pénétrer avec une certaine facilité. Vous pratiquerez ainsi une sorte de drainage fort utile, sans lequel les arbres auraient de la peine à prospérer.

Dans le cas, au contraire, où les pierres abonderaient dans le sol, vous enleveriez les plus grosses et les remplaceriez par de la terre de bonne qualité.

Ceci fait, il s'agit d'*habiller* l'arbre, ou, comme l'on dit encore, de procéder à sa *toilette*. Cet habillage consiste à supprimer les racines déchirées ou

7

meurtries, à tailler même les racines saines, à rafraîchir, au besoin, l'extrémité du chevelu qui se dessèche vite et ne peut plus fonctionner ensuite ; enfin, à tailler plus ou moins les branches. Nous ajouterons tout à l'heure un détail à cette toilette de l'arbre.

Si les jeunes arbres sortent d'une maigre pépinière et présentent des racines coriaces et chargées de chevelu, vous vous trouverez bien de tailler les racines en dessous et en biseau allongé, afin de pousser au développement de radicelles nombreuses ; vous vous trouverez bien aussi de retrancher l'extrémité du chevelu jusqu'à la partie vive. Enfin, voici un conseil que personne ne donne et que je vous recommande : incisez en dessus, en dessous et dans toute leur longueur, les principales racines. Les parties incisées amèneront la formation de l'aubier et cet aubier émettra beaucoup de petites racines. Mais, du moment que vous taillerez les racines, vous devrez tailler les branches dans la même proportion ; autrement l'équilibre serait rompu et la reprise deviendrait très-pénible. Les pépiniéristes qui arrachent, qui mutilent au lieu de déplanter avec soin, ne manquent jamais d'envoyer à leurs clients des arbres mutilés aux deux extrémités. Mais les pépiniéristes qui déplantent, qui maltraitent le moins possible les racines, ne se donnent pas la peine de rabattre les branches et expédient les arbres intacts. C'est ainsi que nous aimons à les recevoir.

Néanmoins, quelles qu'aient été les précautions prises, il est rare que les racines d'un arbre déplanté ne présentent pas quelques déchirures. Dans ce cas, vous enleverez ces parties avec la serpette. Les plaies nettes se guérissent plus vite que les meurtrissures ou les déchirures. Mais, par cela même que vous aurez opéré de petits retranchements en bas, vous ferez bien d'en opérer également de petits en haut, comme par exemple de supprimer un ou deux rameaux inutiles à la charpente ou tout simplement d'enlever cinq ou six centimètres de bois à l'extrémité de deux ou trois rameaux. De cette manière, l'équilibre sera rétabli entre les branches et les racines.

Voilà votre arbre habillé; sa toilette est faite. Il ne s'agit plus que de le mettre en place.

Or, vous remarquerez que les plus grosses racines et les plus grosses branches des arbres de pépinière sont celles qui regardent le midi. Donc, pour arrêter le développement d'un côté et le favoriser de l'autre, vous aurez soin, au moment de la transplantation, de placer les grosses racines dans la direction du nord et les petites dans la direction du sud.

Cette précaution prise, vous tiendrez l'arbre de la main gauche, et, de la main droite, vous étendrez les racines dans leurs sens naturel. Après cela, et avant de recouvrir, vous chercherez une place vide entre deux grosses racines du côté des vents dominants, c'est-à-dire du côté de l'ouest pour la Belgique. Vous marquerez ce vide au moyen d'une baguette; cela fait, la personne qui vous aidera dans l'opération s'armera d'une bêche ou d'une pelle (fig. 54), prendra de la bonne terre très-divisée et la fera tomber doucement dans la fosse; et, de votre côté, vous étendrez cette terre avec la main et garnirez parfaitement le dessous des racines. Quand la bonne terre sera usée vous achèverez de remplir la fosse avec la terre vierge en réserve sur les bords, et vous aurez bien soin de ne jamais enfouir la greffe,

car des racines ne tarderaient point à partir du bourrelet et les greffes s'affranchiraient
du sujet. La fosse une fois remplie,
vous tasserez la terre avec les pieds,
mais modérément et sans donner de
coups de talon. Vous vous garderez
bien de secouer les arbres de bas en
haut, comme font les mauvais plan-
teurs, au risque de déranger les
grosses racines et de déchirer les
petites.

    Aussitôt la plantation terminée,
vous prendrez des tuteurs de bonne
qualité, en cœur de chêne, si c'est
possible, vous en charbonnerez la
pointe au feu et vous les planterez à
la place des baguettes indicatives.
De cette façon, les tuteurs ne tom-
beront jamais sur les grosses racines
et vous ne vous exposerez pas à les
meurtrir en enfonçant ces tuteurs
à coups de maillet ou de tête de
cognée.

    Dès que les tuteurs seront fixés,
vous y accolerez les arbres avec
des liens de paille que vous serrerez
modérément, puis vous attacherez
une étiquette de zinc portant le nom
de chaque variété.

Fig. 54.

IX

DES DIVERS MOYENS DE GOUVERNER LES ARBRES.

L'art de gouverner les arbres, c'est tout bonnement l'art de gouverner la séve. Or, si vous avez
bien compris le troisième chapitre de ce travail,
vous ne sauriez plus être embarrassés de rien. Si
vous ne l'avez pas bien compris du premier coup,
revoyez-le et relisez-le lentement avant d'aller plus
loin.

Nous avons, s'il vous en souvient, comparé la
marche de la séve à celle d'un ruisseau dont on
peut modérer ou déchaîner le courant ; nous maintenons la comparaison, quoique forcée, parce
qu'elle peut nous être utile.

L'eau coule dans le ruisseau et passe dans les
deux rigoles, à droite et à gauche, comme la séve
coule par l'aubier de l'arbre et se répand dans les
deux branches, à droite et à gauche aussi. Nous
pouvons empêcher l'eau d'aller dans les rigoles en
barrant ou en coupant le ruisseau au-dessous(fig.55),
comme nous pouvons empêcher la séve de passer
dans les branches, en coupant également l'aubier
au-dessous de ces branches ; c'est pour cela que
nous pratiquons des entailles en dessous des bran-

7.

ches qui vivent trop bien, afin de les empêcher de
grossir jusqu'au moment où la séve aura cicatrisé
la plaie (fig. 56).

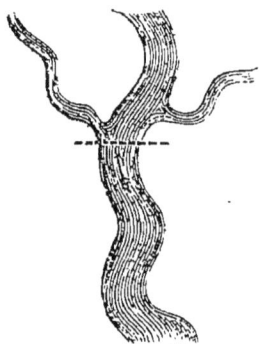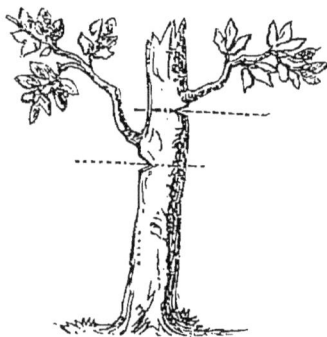

Fig. 55.   Fig. 56.

Si, au contraire, nous voulons jeter plus d'eau
dans les rigoles, nous pratiquons un barrage au-
dessus de ces rigoles, de même que nous interrom-

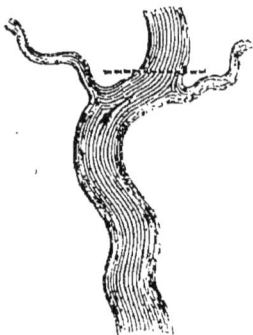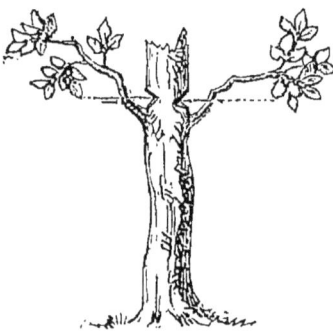

Fig. 57.   Fig. 58.

pons le passage de la séve montante au-dessus des
branches trop faibles, par une incision ou une entaille de l'aubier, afin de jeter plus de séve dans
les branches en question (fig. 57 et 58).

Quand nous taillons un rameau, nous suppri-
mons de même le courant de la séve et l'obligeons
à chercher des issues dans les
bourgeons placés au-dessous de
la coupe (Fig. 59).

Mais ici s'arrête la comparaison, parce que la circulation de
la séve n'obéit pas aux mêmes
lois que la circulation de l'eau.

La séve a de la tendance à se
porter vers les extrémités de
l'arbre; donc, si nous la laissons
aller librement, les branches de la
tête se développeront plus que
celles des étages inférieurs. Si, au
contraire, nous empêchons ces
branches de pousser ou si nous les
gênons en les courbant, en leur im-

Fig. 59.

primant une direction oblique ou horizontale, en
les serrant contre le treillage, en les cassant au tiers
ou à la moitié, ou bien en les taillant court, la séve
ne s'y portera pas avec fougue et passera en plus
grande quantité dans les branches inférieures.

La séve passe en quantité d'autant plus considérable dans une branche ou dans un rameau, qu'elle
y est appelée par un plus grand nombre de bourgeons. Or, comme plus il en monte, plus il en
descend, plus aussi les branches grossissent. Donc,
si nous tenons à ce qu'une branche grossisse, mé-
nageons-la ainsi que ses rameaux; ne les taillons
guère et même ne les taillons pas, car, par la taille,
nous enlevons les bourgeons terminaux qui sont
plus énergiques que les bourgeons de côté. Si, au
contraire, nous avons affaire à une branche qui
prend trop de force, taillons-la court, c'est-à-dire

retranchons la plus grande partie de ses bourgeons d'appel, et la séve ne s'y rendra plus en aussi grande quantité.

La séve se porte volontiers dans le sens de la verticale, surtout quand nous avons affaire à des arbres à racines pivotantes. Si nous tenons à modérer cette tendance, nous le pouvons en inclinant les branches, en les tordant, en les gênant d'une manière quelconque. Si nous avons deux tiges à élever parallèlement et que l'une des deux grossisse plus que l'autre, nous laisserons la plus faible libre et verticale, tandis que nous inclinerons et tiendrons la plus grosse au treillage jusqu'à ce que l'équilibre soit rétabli. C'est aussi parce que la séve se porte trop volontiers dans le sens de la verticale que nous devons surveiller de près les rameaux du dessus des branches et les arrêter en coupant l'extrémité avec les ongles. Ceux qui poussent sur les côtés sont moins fougueux ; ceux qui poussent en dessous prennent rarement beaucoup de développement et sont plus propres à donner du fruit que les autres.

La séve qui circule vivement et en abondance fournit plus de bois et de feuilles que de fleurs et de fruits. Nous le savons déjà. Ce n'est pas un mal quand l'arbre est jeune ; tout au contraire, il faut s'occuper de la charpente avant de s'occuper de la fructification ; mais quand, à force d'attendre, on se lasse de ne point voir les fruits, il suffit de diminuer la séve ou d'empêcher l'arbre d'en trop prendre. Or, chez les arbres comme chez les gens, la souffrance ôte l'appétit. Vous les ferez donc souffrir.—Il y a deux mille ans, on déchaussait, on fendait le collet de l'arbre, c'est-à-dire la partie qui relie les racines au tronc ; on enfonçait dans l'ouverture un coin de bois de pin, on comblait le trou et l'on jetait de la cendre sur la terre. Aujourd'hui, nous avons encore des jardiniers qui procèdent avec la même brutalité, qui meurtrissent, fendent, déchirent ou coupent les racines des arbres stériles. Nous avons même des savants qui accusent les racines trop profondément enterrées d'entretenir la stérilité des arbres, qui conseillent de les déchausser, de soulever ces racines, de les rapprocher de la surface du sol. Il y a fructification après cela, mais plutôt parce qu'il y a eu souffrance que parce que les racines ont été rapprochées de la surface. Nous avons encore des personnes qui perforent le tronc des arbres stériles avec une vrille, qui les saignent et laissent perdre une partie de la séve; nous en avons d'autres qui enfoncent de gros clous dans le tronc; nous en avons enfin qui enlèvent un anneau d'écorce à la naissance des branches. Tous ces procédés de torture réussissent; mais ils nous paraissent trop violents. Il vaut mieux, selon nous, courber deux ou trois branches de deux ans et les attacher par leur extrémité aux branches voisines. Cet état de gêne amène une souffrance aussi; tout le corps de l'arbre se trouve affecté et la fructification arrive assez promptement.

La séve qui ne circule pas assez ne fournit pas suffisamment de bois et de feuilles; la plupart des bourgeons se changent en boutons à fruits qui ont de la peine à nouer et à se développer, faute de nourriture. Où il n'y a de vivres que pour un, il ne faut pas se charger d'une douzaine de convives. En conséquence, vous taillerez court, autrement dit vous supprimerez beaucoup, et vous donnerez de l'engrais aux racines.

Si, quand la séve est rare, il convient de tailler court et de nourrir très-peu de fruits, en retour, quand la séve abonde, il convient de laisser beaucoup de bois et même beaucoup de fruits, c'est-à-dire de tailler long. Donc, si la taille courte est propre aux terrains secs et aux climats doux, la taille longue doit être réservée aux terrains frais et aux climats brumeux.

Interrompre brusquement par une taille courte une séve impétueuse, c'est barrer un torrent. Il faut que la séve déborde, d'un côté, comme il faut que l'eau déborde de l'autre. Or, la séve qui déborde et ne trouve point de bourgeons ou de rameaux où passer, dans le voisinage de la partie coupée, s'épanche sous l'écorce, y fermente, y pourrit et produit le chancre, maladie très-commune dans les terrains frais et sous les climats pluvieux, très-rare ou même inconnue, au contraire, dans les terrains et sous les climats secs.

La quantité de séve est en raison de la quantité et de l'énergie des racines; et le nombre des racines est en raison du nombre des branches qu'on a laissé pousser. Si donc vous voulez peu de séve, c'est-à-dire peu de racines, empêchez d'abord vos rameaux de se développer en grand nombre. Ce sera plus raisonnable que de les retrancher après leur développement, c'est-à-dire après que les racines correspondantes existent et apportent des vivres pour des convives qui ne sont plus.

En principe donc, il vaut toujours mieux empêcher le développement d'un bourgeon ou l'arrêter tout jeune, que d'attendre qu'il ait grossi pour le retrancher ensuite. Autrement dit, mieux vaut ébourgeonner ou écimer que de tailler ou ébrancher. Dans le premier cas, la plaie se guérit aisément; dans le second, la plaie est plus grave et affecte très-sensiblement l'économie de l'arbre. Dans le premier cas, il ne se forme point de racines puisqu'il ne se forme ni rameau, ni branche; dans le second, il se forme des racines en même temps que des rameaux et des branches, et, une fois ceux-ci retranchés, les racines formées n'en apportent pas moins un contingent de séve inutile et quelquefois nuisible par son excès.

Enfin l'art de conduire un arbre, de lui imprimer telle ou telle forme, est d'autant mieux pratiqué que l'on arrive au but en faisant souffrir cet arbre le moins possible. Plus on accumule les tortures et les violences, plus on multiplie les plaies, plus on abrége la vie du sujet et plus aussi l'on accuse de maladresse.

On pourrait et l'on devrait, à la rigueur, conduire un arbre sans avoir besoin de la serpette ou du sécateur, rien qu'en ébourgeonnant et en écimant ou pinçant avec intelligence; mais un seul homme aurait de quoi occuper tous ses moments avec une douzaine d'arbres. Il trouve donc son profit à sortir des principes pour en cultiver un grand nombre avec les outils à amputer.

X

DES DIVERSES FORMES A DONNER AUX ARBRES.

Maintenant que nous croyons connaître la manière de conduire la séve, il s'agit de songer à l'application et d'indiquer d'abord les diverses formes que nous pouvons imposer aux arbres. Ensuite, nous apprendrons à gouverner la séve de façon à obtenir les formes en question.

Les arbres de vergers ou de prairies, comme l'on dit encore, doivent être abandonnés à eux-mêmes. Cependant, il n'y a pas d'inconvénient à supprimer, dans leur jeunesse, les petits rameaux qui, en devenant grosses branches, pourraient jeter de la confusion dans la charpente. Dans le cas encore où de jeunes rameaux seraient trop rapprochés, se croiseraient, s'enrouleraient l'un autour de l'autre, s'useraient par le frottement, on ferait bien d'enlever le plus faible ou de le tailler très-court.

Nous avons à nous occuper principalement ici des arbres de jardin. Nous commencerons par les espaliers, c'est-à-dire par les murs destinés au pa-

lissage des arbres. Ces murs sont ou en pierres ou
en briques, de trois à quatre mètres de hauteur.
On pourrait les élever plus pour y conduire des
arbres vigoureux, comme les poiriers, les pommiers et les cerisiers qui recouvrent des pignons
entiers et des façades très-développées; mais quand
il s'agit du pêcher, de l'abricotier et de la vigne,
l'élévation de trois à quatre mètres suffit ; souvent
même en Belgique et en Hollande, on aurait de l'intérêt à la réduire à deux mètres et demi, afin de
rapprocher les fruits du sol et de mieux les exposer au rayonnement.

Les espaliers en briques valent mieux que ceux
en pierres, parce que les jointures y sont plus mul-
tipliées et plus régulières, et qu'il devient très-facile
d'y introduire les clous à palissage.

Sous les climats pluvieux et un peu froids, on
peut, avec avantage, bâtir des murs doubles en
briques, c'est-à-dire des murs creux, dont l'air
intérieur s'échauffe bien et fait réchaud pendant la
nuit.

Tout espalier ou mur doit être couvert d'un chaperon, espèce de petit toit avancé, en planches,
tuiles, ardoises ou paille, qui garantit les arbres
contre les pluies et s'oppose à la végétation trop
active des extrémités.

A défaut d'espaliers en briques ou en pierres, on
en forme avec des planches goudronnées et même
avec de la paille, avec des roseaux, à la manière
des brise-vents. On en rencontre assez fréquem-
ment dans les Flandres et en Hollande (fig. 60).

Lorsque les espaliers sont en pierres et que le
palissage devient difficile, on lève la difficulté en
appliquant des treillages en bois, en fil de fer ou
bien en bois et fil de fer réunis (fig. 61, 62 et 65).

Les formes qui conviennent à l'espalier sont néces-

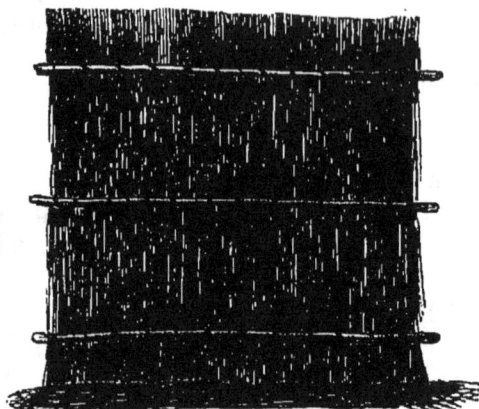

Fig. 60.

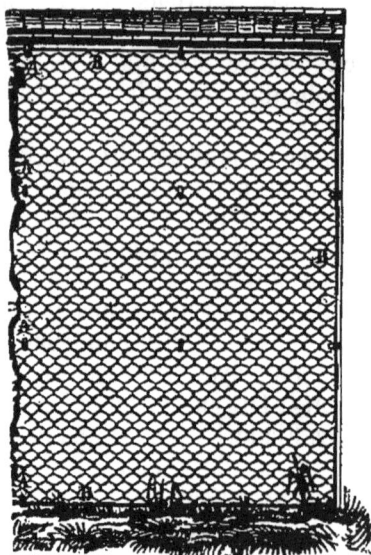

Fig. 61.

sairement celles qui le garnissent le mieux, qui
laissent le moins de places inoccupées. De ce

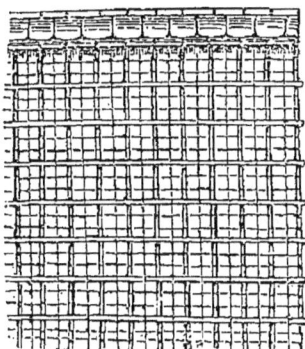

Fig. 62.   Fig. 63.

nombre sont la palmette simple, c'est à dire à une
seule tige, et à branches horizontales (fig. 64);

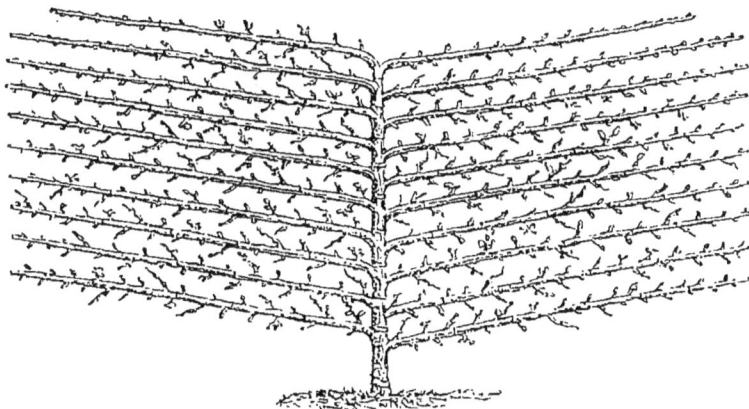

Fig. 64.

La palmette double ou à deux tiges parallèles
(fig. 65);

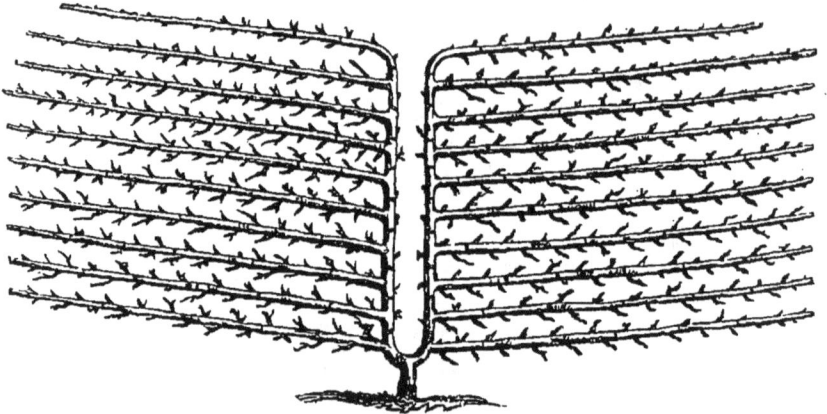

Fig. 65.

La palmette à branches courbes (fig. 66) ;

Fig. 66.

Les éventails de diverses sortes, parmi lesquels
nous distinguons l'éventail à la Dumoutier (fig. 67) ;

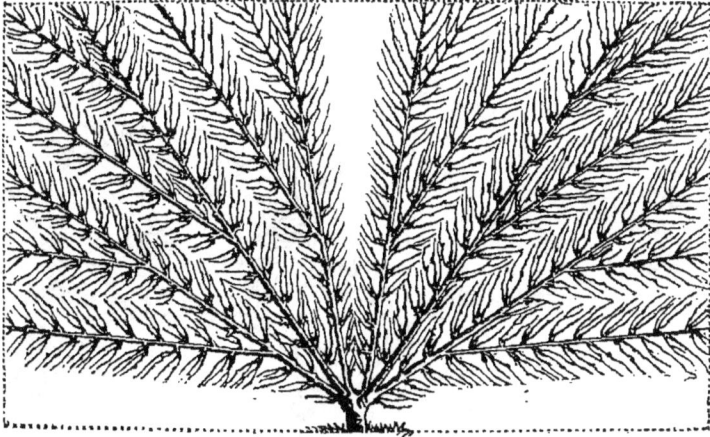

Fig. 67.

L'éventail carré de Montreuil ou V ouvert
(fig. 68) ;

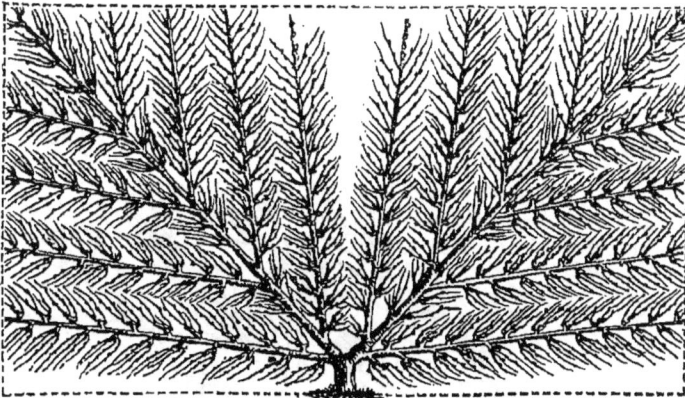

Fig. 68.

Et l'éventail à branches convergentes (fig. 69).

8.

Fig. 69.

Depuis quelques années, de rares amateurs garnissent les espaliers de jeunes tiges très-rapprochées les unes des autres, inclinées dans le même sens et ne portant de branches latérales que d'un côté (fig. 70). Ce sont les cordons obliques de

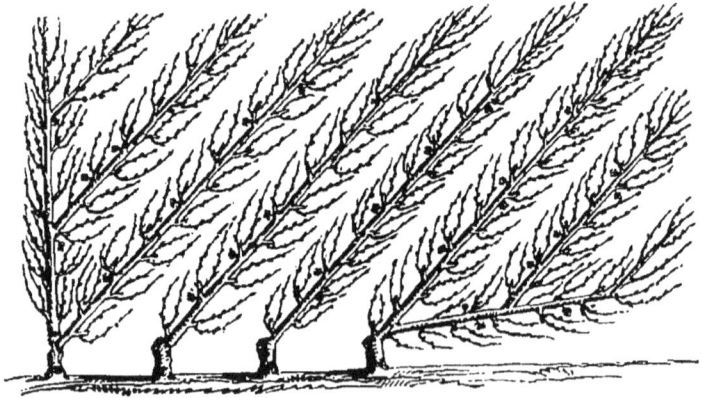

Fig. 70.

M. Dubreuil. Ces cordons ont l'avantage de réunir
un grand nombre de variétés sur un espace res-
treint, mais, en retour, ils ont l'inconvénient de
nous faire débourser beaucoup d'argent au profit
des pépiniéristes. Nous ne les recommandons
pas.

Alors même que nous n'aurions pas d'espalier,
nous pourrions élever des treillages au vent et y
conduire des arbres fruitiers sous toutes les formes
que nous venons d'indiquer. Si les treillages, dis-
posés à cet effet, sont parallèles à un mur et ne s'en
éloignent pas à plus de deux à trois mètres, on les
qualifie de contre-espaliers, parce qu'ils profitent
un peu de la chaleur et de la lumière que réfléchit
l'espalier. Mais quand on forme des palmettes, des
éventails, des cordons de treille à une plus grande
distance, on dit que ce sont des palmettes, des
éventails et des cordons au vent, pour les distinguer de ceux qui sont au mur et en contre-espalier.

Quant aux arbres que nous plaçons aux angles
de nos plates-bandes du potager ou que nous voulons loger en assez grand nombre sur une surface
restreinte, nous leur imposons des formes qui ne
permettent pas aux branches de prendre beaucoup
de développement. Or, la forme en fuseau est celle
qui occupe le moins de place. Elle consiste en une
tige plus ou moins élevée et garnie de bas en haut
de branches et de rameaux taillés fort court.

Viennent ensuite la forme pyramidale (fig. 71)
et la forme en quenouille (fig. 72) qui diffèrent
l'une de l'autre en ce que les branches les plus
fortes et les plus longues sont à la base de la pyramide, tandis que dans la quenouille, elles sont au
milieu.

Nous avons enfin la forme en vase ou go-

 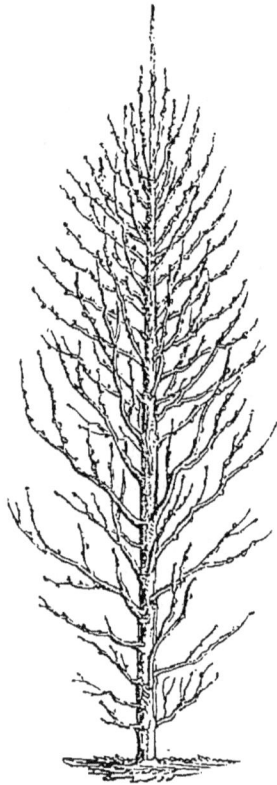

Fig. 71.   Fig. 72.

belet (fig. 75), et la forme en buisson, autrefois très-pratiquée, mais réservée de nos jours aux pommiers nains greffés sur paradis ou doucin.

Il va sans dire que, dans ce travail, nous nous attacherons aux formes les plus simples, les plus faciles à obtenir, et que nous laisserons aux ama-

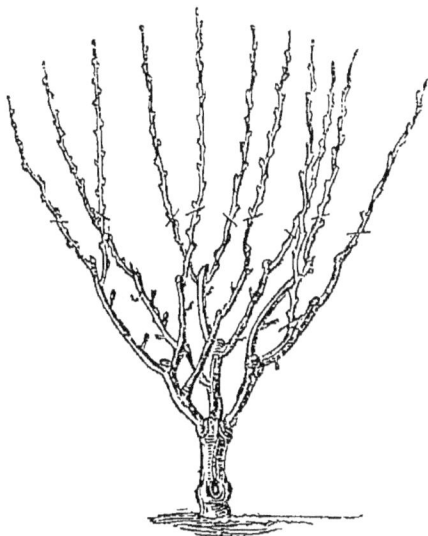

Fig. 73.

teurs les formes de fantaisie qui exigent de grands
soins et une dépense de temps considérable.

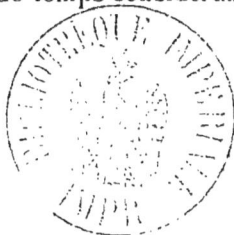

XI

DE L'ÉBOURGEONNEMENT ET DU PINCEMENT OU ÉCIMAGE.

Aux yeux de quiconque raisonne un peu, les amputations font souffrir les arbres comme elles font souffrir les gens; et plus les parties amputées sont fortes, plus les plaies sont larges, et plus aussi la cicatrisation devient difficile. Ceci revient à dire qu'il y a moins d'inconvénient à couper un rameau de six mois qu'une branche de six ans. Il n'y a d'exception que pour les branches maladives, mourantes, paralysées, où la sève ne circule presque plus. C'est évidemment rendre service aux arbres que de les en débarrasser.

Ainsi donc, opérer un arbre, autrement dit le tailler, c'est le faire souffrir.

Ainsi donc, tailler en pleine vie de gros rameaux ou de grosses branches, c'est faire souffrir l'arbre plus que si l'on taillait de jeunes rameaux ou de jeunes branches.

Or, il est clair, d'après cela, que si nous pouvions éviter les fortes amputations dans la conduite des arbres, nous nous en trouverions au mieux.

Nous avons donc intérêt à empêcher de pousser les bourgeons ou les rameaux que nous devrions couper plus tard. Voici, par exemple, un œil qui va me donner cette année un rameau de 40 ou 50 centimètres, dont je n'ai que faire et que je devrai enlever d'un coup de serpette l'année prochaine. Si je l'éborgne, si je le coupe avec les ongles, il n'appellera plus la séve à lui, ne formera point de rameau et je ne me verrai point dans la nécessité de retrancher celui-ci avec la serpette ou le sécateur.

On peut comparer le bourgeon qui prend d'abord peu de séve à la rigole qui prend d'abord peu d'eau, comme on peut comparer le rameau qui est un bourgeon développé, au ruisseau qui est une rigole développée. Vous ne voulez pas du ruisseau, empêchez la rigole de s'ouvrir; vous ne voulez pas du rameau, empêchez le bourgeon de pousser ou tout au moins de trop s'allonger.

C'est ce qui a fait dire que le meilleur cultivateur d'arbres est celui qui réussit à donner les plus jolies formes presque sans se servir de la serpette ou du sécateur. Et c'est l'exacte vérité.

Mais comment peut-on y réussir? Par l'ébourgeonnement et le pincement, ou, si mieux vous aimez, par l'éborgnage des yeux et par la suppression de l'extrémité des petits rameaux verts.

En bonne théorie, c'est par là, nous semble-t-il, qu'on devrait commencer; mais ce n'est point l'avis de la pratique, et la pratique s'appuie en ceci sur des raisons solides. S'il est vrai qu'on peut conduire un arbre avec les ongles, il est vrai de dire aussi que l'opération est des plus délicates, et que vous ne trouveriez pas deux hommes au cent pour la mener à bien.

La taille n'est rien en regard de l'ébourgeonnement et surtout du pincement. En quelques leçons,
on vient à bout d'enseigner cette taille et de la faire
comprendre aux plus inintelligents; mais l'art du
pincement exige, outre certaines notions physiolo-
giques, un tact particulier et une patience angé-
lique. Pour bien ébourgeonner, il convient d'observer de très-près la disposition des yeux sur un
arbre, de deviner la force et la direction que prendraient les rameaux abandonnés à eux-mêmes,
afin de savoir si l'on doit ou supprimer entièrement
le bourgeon ou l'égratigner à peine ou n'y point
toucher. Pour pincer convenablement, il convient
de s'y prendre de bonne heure dans certains cas,
très-tardivement dans certains autres cas, de retrancher peu ou de retrancher plus, d'échelonner
enfin les opérations de manière à ne pas martyriser
l'arbre. Affaire de jugement droit, de raisonnement
sûr et de patience tellement robuste, que c'est à en
désespérer.

Aujourd'hui, la plupart de ceux qui ébourgeon-
nent et pincent, compromettent la vie et la beauté
de leurs arbres, non parce que ces opérations sont
forcément désastreuses, mais parce qu'ils ne savent
pas les pratiquer, parce qu'ils mettent cinq minutes
à faire, en une seule fois, un travail qui demande
du temps et des intervalles de repos; parce qu'ils
arrêtent brusquement la marche de la séve où
parfois il s'agit tout simplement de la modérer,
parce qu'ils rognent trop souvent au lieu d'égratigner, parce qu'avec des rameaux bien développés, ils n'attendent pas que la circulation de la
séve soit ralentie, pour opérer, en sorte que
cette séve se porte sur les bourgeons voisins et y
déborde sous forme de rameaux anticipés, comme

déborde l'eau d'un courant rapide, barré brusquement.

Il se passe ici ce qui se passe en culture maraîchère, où sur cent jardiniers qui recommandent de pincer les pois, il n'y en a pas dix qui savent le faire convenablement.

En somme, le pincement consiste en une opération excellente, confiée la plupart du temps à des maladroits. Ce n'est pas une raison pour le condamner. Le moyen est bon ou mauvais, selon qu'on l'emploie à propos ou hors de propos.

Nous avons des pâtres qui font des chefs-d'œuvre avec un couteau de Saint-Claude et un morceau de bois; mais nous en avons aussi, et en bien plus grand nombre, qui ne savent faire que des choses grossières et se couper les doigts avec le même couteau de Saint-Claude.

Il n'en est pas moins vrai que l'ébourgeonnement et le pincement, dont on a fait des opérations supplémentaires de la taille, sont en théorie et devraient être en pratique les opérations principales. Voilà tout ce que nous voulions établir.

M. Lepère, de Montreuil-aux-Pêches, vous dira qu'il ne serait pas en peine de former la charpente d'un pêcher et de le conduire, rien qu'avec les ongles. M. Hardy, du palais du Luxembourg, vous dira la même chose, quant à ses poiriers; mais ils ajouteront, l'un et l'autre, qu'ils n'en auraient pas le temps et qu'ils ont plus de profit à se servir de la serpette et du sécateur. Sur ce point, nous sommes d'accord.

Nous tenons seulement à ce que, dans l'enseignement, on ne s'écarte pas des règles.

En géométrie, on nous prouve que la ligne droite est le plus court chemin d'un point à un autre;

mais on ne nous dit pas que, pour arriver plus vite
à destination, il faut, nécessairement, suivre cette
ligne droite.

En arboriculture, nous essayons de prouver que
l'ébourgeonnement et le pincement devraient pré-
céder la taille; mais nous ne disons pas qu'en pratique lucrative, on devrait toujours préférer la
besogne des ongles à celle de la serpette ou du
sécateur. Il est évident que si nous gagnons plus à
tuer un arbre qu'à le faire vivre, nous serions par
trop naïf de ne pas le tuer. Nous ne l'aimons pas
précisément pour lui-même, mais pour ce qu'il
nous rapporte.

XII

DE LA TAILLE DES ARBRES FRUITIERS EN PYRAMIDES
ET EN VASES.

Le meilleur moment pour tailler les arbres est
celui du repos de la sève, attendu qu'ils souffrent
moins des amputations. C'est, par conséquent,
dans la plupart des cas, du mois de novembre à la
fin de février, pour ce que l'on est convenu d'ap-

peler improprement la taille *en sec*, autrement dit la taille du bois sans feuilles. On commence toujours cette opération par les arbres faibles ou d'une végétation peu vigoureuse; on la termine par les arbres forts ou vigoureux, afin de retarder un peu l'élan de leur fougue. On taille tantôt court, tantôt long, tantôt à l'ordinaire. Tailler court, c'est retrancher beaucoup de bois; tailler long, c'est en retrancher peu ; tailler à l'ordinaire, c'est prendre une moyenne.

On enlève moins de bois aux arbres vigoureux qu'aux arbres délicats; moins à une variété greffée sur franc qu'à la même variété greffée sur cognassier; moins sur égrain de pommier que sur paradis ou doucin ; moins après une année de stérilité qu'après une année d'abondance ; moins à la suite d'une année humide qu'à la suite d'une année sèche; moins en terrain frais qu'en terrain sec ; moins sous un climat brumeux et déjà froid que sous un climat tempéré et un ciel clair. Pour nous résumer en deux mots, on taille d'autant plus long que l'arbre se porte mieux et prend plus de séve, et d'autant plus court qu'il est plus faible et prend moins de séve. Voilà la loi. Maintenant, passons à la pratique :

Pour ceux qui n'ont pas de murs ou espaliers et ne disposent que d'un terrain étroitement circonscrit, les formes pyramidales ainsi que la forme en vase ou gobelet passent pour être les plus avantageuses. En ce qui concerne les climats doux et les terrains plus ou moins secs, c'est l'exacte vérité ; mais, en ce qui concerne les climats déjà froids, brumeux ou pluvieux et les sols frais, c'est une autre affaire. Les formes que nous venons d'indiquer ne sauraient s'accommoder d'une séve abondante et fougueuse; c'est pourquoi nous choisissons, pour les y soumettre, les variétés greffées sur cognassier ou sur d'autres sujets de peu de vigueur. Il n'y a d'exception que pour les variétés sans force. On doit greffer celles-ci sur francs ou les affranchir si elles souffrent trop sur un sujet faible. Qui dit affranchir, dit enterrer le bourrelet de la greffe, après l'avoir incisé légèrement en divers endroits. Ce bourrelet émet des racines, et l'arbre ne tarde point à vivre de sa vie propre. Le sujet périt en dessous et la greffe devient *franche de pied*.

PYRAMIDES. — Le poirier est, de tous les arbres, celui qui se prête le mieux à la forme pyramidale. Les véritables amateurs ne s'adressent pas aux pépiniéristes pour charpenter leurs pyramides; ils les font eux-mêmes et s'en trouvent bien. Une supposition : — Je veux élever un poirier sous la forme en question. Voici comment je procède : — Au printemps, j'applique une greffe sur cognassier, presque toujours, ou sur franc, par exception. Au mois de septembre ou d'octobre, si ma greffe s'est développée convenablement, j'aurai un scion ou jet de un mètre, un mètre cinquante centimètres ou plus. Je déplante mon jeune arbre et le mets en place; puis je le taille à moitié de sa hauteur, en sorte que le dernier bourgeon du

Fig. 74.

haut, appelé à continuer la tige ou flèche, se trouve à l'opposé de l'insertion de la greffe (Fig. 74). Autrement dit, si j'ai greffé à droite du sujet, je m'arrange de façon à ce que le bourgeon, sur lequel je taille, se trouve à gauche.

Au printemps suivant, j'examine les yeux ou bourgeons du scion ; je les trouve bien marqués vers la partie supérieure, un peu moins gros à la partie moyenne, et le plus ordinairement faibles à la base. Donc, pour empêcher la séve de se porter trop vite vers l'extrémité supérieure et forcer tous les bourgeons à se développer, je pratique une légère incision au-dessus des quatre ou cinq de la base.

Pendant le cours de la végétation, je surveille de près les quatre ou cinq rameaux qui se développent à la partie supérieure du petit arbre, près de celui qui continue la tige, et s'ils ont l'air de vouloir aller trop vite, de manger trop de séve, au préjudice de la flèche ou des parties moyenne et basse, je les arrête à 7 ou 8 centimètres de longueur par un pincement. S'ils ne vont pas trop vite, je les arrête beaucoup plus tard, rien qu'en éborgnant l'œil terminal avec les ongles. Je ne touche pas aux autres rameaux. Cette manière de procéder me paraît bonne, et j'y tiens.

Au bout de la seconde année, mon jeune arbre a donc des rameaux d'un an sur toute la longueur de sa tige, jusqu'à la naissance de la nouvelle flèche. On pourrait même les obtenir dès la première année, en pinçant la greffe lorsqu'elle atteint de 40 à 45 centimètres, et en pratiquant de légères incisions au-dessus des yeux de la base. La séve, contenue, par ce double moyen, dans les parties moyenne et inférieure du scion, se porterait sur les petits bourgeons de l'année et les développerait une année d'avance. Mais il vaut mieux, ce me semble, attendre un peu, se presser moins, et avoir de francs rameaux plutôt que de faux rameaux ou rameaux anticipés, nés avant terme.

9.

Mon petit arbre se trouve donc charpenté pour une pyramide ; il n'y a plus qu'à commencer la taille, en ayant soin de faire partir les premières branches à 25 ou 30 centimètres du sol, et de maintenir entre les divers étages de branches un intervalle de 20 à 25 centimètres environ. Il importe aussi que les branches conservées ne soient point superposées et qu'il n'en parte jamais deux ensemble du même point de la tige. Tout ce qui est inutile et de nature à jeter de la confusion dans la charpente doit être supprimé sur la couronne. De faux rameaux pousseront à la place, mais on aura soin de les pincer rigoureusement, et ils se convertiront peu à peu en productions fruitières.

Ces observations faites, il s'agit, à présent, de donner à l'arbre la forme d'une pyramide ou d'un cône. Commencerons-nous la taille par le haut? La commencerons-nous par le bas? Les auteurs n'en disent rien ; pour ma part, je conseille toujours aux débutants de commencer par le haut. C'est un sûr moyen de ne pas manquer l'opération.

Si la tige ou flèche est vigoureuse, taillez-la au-dessus du 4ᵉ bourgeon sous le climat de la Belgique, et au-dessus du 3ᵉ sous le climat de la France, en ayant soin, bien entendu, que l'œil destiné à continuer la tige se trouve à l'opposé de la taille précédente, afin de maintenir la verticale.

Vous passerez ensuite aux premiers rameaux du sommet, que vous enlèverez jusque sur la couronne ou empattement. Vous descendrez de là au second étage de rameaux que vous taillerez fort courts, de façon à ne laisser qu'un œil. Vous laisserez deux yeux aux rameaux qui viendront immédiatement après, en descendant ; puis trois, puis quatre, et enfin cinq ou six yeux, au fur et à me-

sure que vous descendrez pour arriver aux rameaux
de la base. Vous taillerez chacun de ces rameaux
sur un œil de dessous, c'est-à-dire au-dessus d'un
bourgeon regardant la terre.

Vous aurez, après cela, une pyramide régulière,
mais il ne convient pas, songez-y bien, de s'attacher trop à cette régularité, parce que si on l'ob-
servait strictement pendant les premières années,
on ne réussirait pas à établir l'équilibre dans la
charpente de l'arbre.

La première taille exécutée, les rameaux latéraux prennent le nom de branches. Vous surveil-
lerez celles placées dans le voisinage de la flèche,
et les éborgnerez au besoin, pour qu'elles ne s'em-
portent pas. Si des bourgeons venaient à se développer en dessus des branches durant le cours de
la végétation, vous les pinceriez à 6 ou 7 centimètres de longueur pour n'avoir pas à les enlever
plus tard d'un coup de serpette.

L'année suivante, à la seconde taille, vous aurez
l'attention de ménager les branches faibles, parfois
même au point de ne pas les tailler, parce qu'elles
ont besoin de nombreux bourgeons pour appeler
la sève, surtout dans les étages de la base et du
milieu. D'autre part, vous devrez enlever beaucoup
de bois, autrement dit tailler court les branches
qui auraient de la tendance à se développer trop et
à affamer leurs voisines. Tant pis si la forme pyra-
mydale en est compromise. Vous ne toucherez pas
aux brindilles qui se produisent en dessous des
branches, mais vous ne permettrez pas à des rameaux gourmands de se produire en dessus. Vous
les arrêterez par le pincement.

Vous pratiquerez la troisième taille comme la
seconde, en allongeant de 3 ou 4 yeux les branches

de la base, de 2 ou 3 celles de la partie moyenne,
de 1 ou 2 celle de la partie supérieure. Vous taillerez la flèche au-dessus de 2 ou 3 yeux et toujours
de manière à opposer à la taille précédente l'œil
chargé de continuer la tige. Dans le cas où la
flèche à tailler serait couverte de dards, c'est-à-dire
de bourgeons à fleurs au lieu de bourgeons à
feuilles, vous retrancherez ces dards avec la serpette, afin de faire pousser du bois à leur base.
Dans le cas aussi où, parmi les branches de la
charpente de l'arbre, il s'en trouverait de faibles,
vous les ménageriez à la taille plus que les branches fortes. Dans le cas enfin où une de ces branches
se soutiendrait mal, retomberait et formerait un
angle trop ouvert avec la tige, vous devriez la tailler sur un œil de dessus, c'est-à-dire au-dessous
d'un bourgeon regardant le ciel, bourgeon qui se
développera dans le sens de la verticale et relèvera
la branche. Vous aurez, en outre, comme précédemment, l'attention de supprimer les rameaux
ou de les pincer en dessus des branches.

Les quatrième, cinquième et sixième tailles
s'opèrent ainsi que les précédentes. Seulement,
comme la pyramide est en pleine fructification, il
devient prudent de laisser plus de fruits sur les
branches vigoureuses que sur les branches faibles.

A partir de la septième taille, l'arbre doit être
parfaitement équilibré. Par conséquent, il demande
moins d'attention et de raisonnement que dans le
principe.

Puisque la forme pyramidale ne convient pas
aux arbres fougueux et qu'on n'y soumet que des
variétés faibles ou greffées sur cognassier, il est
évident qu'elle ne saurait convenir non plus aux
climats et terrains humides qui fournissent une séve

très-abondante. Voilà pourquoi les pyramides, si
communes et souvent si régulières en France, laissent beaucoup à désirer en Belgique, où la taille
courte a toutes sortes d'inconvénients, celui, entre
autres, de produire des chancres.

Sur beaucoup de points où les pyramides ordinaires ne réussissaient pas, on a donc dû leur sub-
stituer les pyramides fanon. Avec celles-ci on supprime peu de bois et l'on a recours à l'arqûre des
branches. Pour cela, on dispose un cerceau à la
base de l'arbre ; on attache à ce cerceau les branches courbées de l'étage inférieur ; puis on accole
les branches du second étage à celles du premier,
celles du troisième à celles du second, et ainsi de
suite.

Lorsqu'on achète des arbres de pépinière pour en
faire des pyramides, le pépiniériste expédie d'ordinaire des sujets de deux ou trois ans, avec de fortes
branches en tête et des rameaux mal développés en
dessous. Cela tient à ce que la tige a été taillée
trop haut la première année, à ce que les rameaux
inférieurs ont été trop ombragés, à ce que les rameaux supérieurs n'ont pas été pincés. Pour tirer
parti de ces arbres défectueux, on doit tailler tous
les rameaux jusque sur l'empattement, à l'exception
de la flèche à laquelle on ne laisse pas plus de
deux yeux en France, pas plus de trois en Belgique.
On doit en outre pratiquer de petites entailles au-
dessus de tous les bourgeons inactifs. De faux rameaux se développent ; on réserve les plus beaux ;
on supprime les plus faibles, et l'on arrive ainsi à
charpenter une pyramide. — Mieux vaut, je le
répète, prendre une greffe d'un an et faire sa pyramide selon les règles.

Si le poirier convient mieux que toute autre espèce

à la forme pyramidale, il n'en est pas moins vrai qu'on peut y soumettre, à la rigueur, le pommier greffé sur franc, les cerisiers appelés guigniers, l'abricotier et le prunier. Mais le pommier est difficile à gouverner sous cette forme, parce que ses branches inférieures prennent trop de séve et que, pour combattre cette tendance, on doit tenir les branches supérieures trop longues. Avec le cerisier en pyramide, il faut laisser beaucoup de bois et pincer soigneusement les rameaux qui se développent en dessus des branches. Les bigarreautiers ne valent rien pour la forme pyramidale. Avec l'abricotier et le prunier, qui absorbent beaucoup de séve par les branches latérales, on doit maintenir la flèche très-longue et surveiller de près, car cette forme ne leur convient pas.

VASES OU GOBELETS. — Tous les arbres, à l'exception du pêcher, se soumettent à la forme en vase, forme autrefois très en faveur dans les plates-bandes de nos potagers, mais peu recherchée de notre temps. Les grands vases jetaient trop d'ombre; on les a abandonnés presque partout. Quant aux petits vases, on en rencontre encore çà et là. Pour les établir, on se sert le plus ordinairement de pommiers greffés sur paradis.

A cet effet, prenez une greffe d'un an; transplantez-la à l'automne et taillez-la au printemps suivant à deux ou trois bourgeons au-dessus du bourrelet de la greffe. Vous obtiendrez ainsi deux ou trois rameaux. L'année suivante, vous taillerez ces rameaux à 8 ou 10 centimètres de leur point de naissance et au-dessus de deux yeux de côté. Ces yeux vous donneront des rameaux; l'année suivante, vous taillerez ces rameaux comme les précédents et vous en aurez de nouveau et en suffisante quantité pour former vos branches de charpente et façonner un vase au moyen de ligatures. A mesure que des bourgeons se développent sur ces branches, vous les arrêterez par le pincement et les convertirez ainsi en productions fruitières. Pas n'est besoin d'un cerceau pour former la charpente d'un petit vase; il suffit de relier les rameaux entre eux.

De même que nous élevons des vases à 20 ou 25 centimètres du sol, nous pouvons en élever de même sur demi-tiges à 1 mètre ou 1 mètre 1/2 de hauteur, ou sur haute tige à 2 mètres 1/2 ou 3 mètres. Cette forme est favorable à la production et à la beauté des fruits.

XIII

DE LA TAILLE DES ARBRES FRUITIERS EN ÉVENTAIL.

Au chapitre des formes à donner aux arbres, vous avez vu les diverses sortes d'éventails. Ces éventails se font en espalier, c'est-à-dire contre des murs ou des planches goudronnées; en contre-espalier, c'est-à-dire dans le proche voisinage des espaliers, ou sur plate-bande, en plein air, au

moyen d'une charpente de pieux et de traverses
pour soutenir et diriger les arbres.

Tous les arbres fruitiers s'accommodent des formes en éventail. On y soumet le poirier, le pommier, le cerisier, le prunier, l'abricotier, le pêcher, etc. Il va sans dire que je ne perdrai pas
mon temps à vous enseigner la manière d'établir
toutes ces formes, une à une, car elles varient à
l'infini, selon le goût ou le caprice des amateurs,
et exigent parfois beaucoup de soins et d'attentions
minutieuses, comme, par exemple, lorsqu'il s'agit
d'imiter une lyre ou d'écrire le nom de tel ou tel
personnage avec des branches et des rameaux. Ces
tours de force, ces exercices de patience font, il
est vrai, l'admiration des visiteurs et dénotent une
grande habileté pratique; ils font la réputation
d'un professeur ou les délices d'un homme de goût,
mais les personnes auxquelles je m'adresse, n'ont
rien à y voir pour le moment. Au lieu de les jeter
dans les difficultés de la fantaisie, il faut les en dé-
tourner le plus possible. La forme la plus simple,
la plus gracieuse, la plus avantageuse, la plus convenable entre toutes, est, à mon avis, celle en éven-
tail-palmette, soit palmette simple, soit palmette
double, que les branches latérales soient obliques,
tout à fait horizontales ou courbées élégamment,
de manière à figurer un éventail complétement
ouvert. Je m'attache à cette forme et je la recommande sous le climat de la Belgique, surtout
pour les arbres à fruits et à pepins, comme pour les
arbres à noyaux, sans en excepter le pêcher.

PALMETTE SIMPLE DE POIRIER OU POMMIER. — Si je
veux donner à ma palmette de grandes dimensions,
en garnir des pignons, des façades ou murs élevés,
je prends une greffe sur franc, une greffe d'un an

et de belle venue, comme pour la pyramide. Si, au contraire, je n'ai affaire qu'à des murs peu élevés et offrant peu de surface, je prends une greffe de poirier sur cognassier ou de pommier sur paradis ou doucin.

A l'automne, je plante mon jeune arbre à 10 ou 12 centimètres du mur; je dirige ses racines avec la main, à droite et à gauche, et j'incline la tête de cet arbre vers le mur. Au printemps, je taille la greffe au-dessus des trois bourgeons de la base, dont un de chaque côté de la tige et un sur le devant, en sorte que la coupe regarde le mur. Le bourgeon de devant se développe pour continuer la tige; les bourgeons de côté se développent pour me donner deux rameaux latéraux qui deviendront les deux branches de la base. Je palisse verticalement le rameau de la tige, autrement dit je l'attache au mur ou au treillage avec du jonc, de l'osier, de l'écorce ou une loque de laine, mais sans le serrer; je palisse de même les rameaux de côté, en les inclinant un peu dans le sens de l'horizontale, mais fort peu d'abord, afin de ne pas empêcher la végétation. Dans le courant de l'année, vers le mois de juillet, je les incline un peu plus. Si ces rameaux ne sont pas d'égale force, je relève le plus faible et j'abaisse le plus fort. Quand l'équilibre est rétabli, je les remets sur le même plan.

La seconde année, je choisis, sur la flèche, un œil de devant, c'est-à-dire un œil me faisant face et se trouvant éloigné de 20 à 25 centimètres environ de mes premières branches; j'applique ma serpette entre le mur et la flèche et je taille à quelques millimètres au-dessus de cet œil de devant. La plaie se trouve ainsi cachée. Quant aux deux branches latérales, je les taille à moitié de leur

10

longueur, si la végétation est forte, et au tiers si
la végétation est faible, et je les taille autant que
possible sur un œil de devant, ou sur un œil de
derrière, ou sur un œil de dessous, jamais ou le
plus rarement possible sur un œil de dessus, parce
que, pour diriger le rameau qui en sortirait, il fau-
drait former un coude. Cette taille de deuxième
année exécutée, les bourgeons des extrémités con-
tinuent la tige d'une part, les branches latérales
d'autre part, et, en même temps, deux nouvelles
branches latérales s'établissent au-dessous de la
taille de la flèche. Il se développe également des
rameaux sur la longueur de la tige et sur les premières branches; mais, dès qu'ils ont 7 ou 8 centimètres, on les pince, afin de les arrêter et de préparer ainsi de petites branches fruitières pour
l'avenir. Je palisse ma flèche et mes rameaux du
second étage comme précédemment, mais en ayant
soin d'incliner ou de serrer un peu plus ces rameaux que les premiers.

La troisième année, je taille ma flèche et mes
secondes branches à la même longueur que l'année
précédente, et ainsi de suite. J'obtiens donc, tous
les ans, deux branches, l'une à droite, l'autre à
gauche.

Comme les branches latérales prennent d'autant
plus de séve qu'elles sont plus élevées, j'ai soin
nécessairement, tant que dure la formation de la
charpente, de gêner celles du haut ou de les raccourcir un peu plus que celles des étages inférieurs, notamment lorsqu'il s'agit de poiriers. Avec
les pommiers, c'est différent. Il n'y a pas d'inconvénient à donner de la longueur et de la liberté
aux branches supérieures, puisque celles de la
base ont toujours trop de tendance à grossir.

Dans un bon terrain, on pourrait, en modérant la végétation de la flèche par le pincement et à l'aide d'une longue taille, former quatre branches par an, deux de chaque côté de la tige.

On pourrait également, en se contentant d'une seule branche par année, former une palmette simple sans tailler la tige. A cet effet, on courbe prudemment la flèche au-dessus d'un bourgeon bien marqué, et on palisse cette flèche courbée. La séve, rencontrant un coude, se porte sur le bourgeon et le développe pour en faire une nouvelle flèche que l'on courbe l'année d'après un peu au-dessus d'un bourgeon qui se développe à son tour pour reprendre sa place. De cette manière, la flèche de chaque année devient branche latérale l'année suivante et ainsi de suite. La tige présente l'aspect d'une succession de courbes ; la séve y circule moins rapidement que dans une tige droite ; l'arbre fructifie plus vite, plus abondamment peut-être, mais ce qu'il gagne sous ce rapport, il le perd en durée.

PALMETTE DOUBLE DE POIRIER OU DE POMMIER.—Avec cette palmette nous avons deux tiges au lieu d'une seule, deux tiges qui forment l'U. Pour l'obtenir, je prends une greffe d'un an, je choisis à la base de cette greffe deux yeux de côté ; je taille au-dessus de ces deux yeux, dans le courant de février, et, au printemps, deux rameaux se développent. Dès qu'ils ont pris une certaine force, je les redresse doucement et j'arrive dans le courant de l'année à leur donner la forme de l'U.

La seconde année, je taille mes deux tiges à 25 ou 30 centimètres du bourrelet de la greffe, et sur un bourgeon de devant. Les deux bourgeons contiennent les deux flèches, et les yeux latéraux les plus rapprochés de la taille se développent en

même temps. Je n'en laisse partir qu'un à droite et
à gauche. Ceux de devant, de derrière et de l'intérieur de l'U sont supprimés ou pincés à 7 ou 8
centimètres.

Je conduis ensuite la palmette double de la
même manière que la palmette simple. Seulement, dans le cas où l'une des deux tiges prend
trop de corps au préjudice de l'autre, je desserre
et incline la plus faible, en même temps que je
serre la ligature pour maintenir l'autre dans la verticale et rétablir l'équilibre.

PALMETTE A BRANCHES COURBES. — Cette forme,
dont les auteurs ne parlent pas, est très-commune
en Belgique. On l'applique aux façades et aux
pignons des bâtiments. Pour l'obtenir, je prends
des demi-tiges ou des hautes tiges, et j'établis mes
branches latérales sur celles-ci comme sur les autres à basse tige dont il vient d'être parlé. Pour
faciliter la fructification, j'arque les branches de
chaque côté de la tige, et afin que la charpente soit
bien régulière, je la dessine sur le mur, au moyen
de perchettes ou de planchettes courbées, fixées
avec des crochets, et c'est sur ces perchettes ou
planchettes que je conduis mes branches, à l'aide
de clous et de ligatures. Ces branches doivent être
éloignées de 25 à 30 centimètres l'une de l'autre.
Les poiriers et les pommiers, mais surtout les poiriers, se prêtent très-bien à ce travail. On fait aussi
de très-belles palmettes à haute et basse tige avec
le cerisier et le prunier ; seulement, vous remarquerez que si les fruits du prunier sont plus gros
en espalier qu'à l'air libre, ils sont, en retour,
moins abondants et moins bons.

L'abricotier d'espalier ne se laisse pas conduire
aussi facilement que les autres espèces. Quand on

peut l'avoir en plein vent, on a tort de le mettre au
mur, où il est sujet à périr des coups de soleil, où
il se couvre souvent de gomme, où, enfin, il perd
de ses qualités. Ces observations, très-exactes pour
les climats doux et tempérés de la France, perdent
de leur valeur en allant vers le nord. Ainsi, en Belgique, dans l'Ardenne, par exemple, nous devons
cultiver les abricotiers en espalier, et cependant les
fruits récoltés sont excellents. Nous n'avons pas
souvent à nous plaindre de la gomme et des coups
de soleil.

PALMETTE SIMPLE DE PÊCHER. — Les pêchers bien
conduits sont rares, très-rares, parce que les formes
recommandées jusqu'à ce jour offrent trop de com-
plications, présentent trop de difficultés apparentes
et jettent le trouble dans l'esprit des jardiniers et
des amateurs. Si on leur eût demandé tout bonnement la palmette simple ou double, ils auraient
compris et exécuté de suite, et nous aurions de
jolis pêchers où nous n'en voyons que de défectueux. La palmette, après tout, est fort gracieuse,
couvre bien un mur et produit autant que les éventails montreuillois.

On n'a pas seulement rebuté les gens en leur
conseillant les formes très-compliquées ; on les a
rebutés en outre en leur donnant à entendre que les
rameaux du pêcher ne ressemblaient en rien aux
rameaux des arbres à fruits et à pepins. Ce qu'il y
a de vrai dans tout ceci, c'est que les rameaux du
pêcher ne portent pas deux fois des pêches, tandis
qu'il n'en est pas de même chez le poirier et le pommier. C'est pour cela que la taille du pêcher diffère
de celle du poirier et du pommier.

On aurait dû s'en tenir à cette observation et ne
pas vouloir nous démontrer que les rameaux du

10.

pêcher n'ont rien de commun avec ceux des autres
arbres. Il n'était pas du tout nécessaire de créer
toutes sortes de dénominations bizarres pour chercher à nous convaincre. Sur le pêcher, comme sur
le poirier, il y a des rameaux à bois qui ne donnent
pas de fruits, parce qu'ils sont trop vigoureux; et
des rameaux plus ou moins affaiblis qui fructifient,
parce que la séve n'y circule pas trop vite. Vous
les appelez dards, lambourdes, brindilles, sur le
poirier; vous les appelez branche-chiffonne, branche
à bouquet, sur le pêcher. Question de mots, rien de
plus, rien de moins. Pour nous, ce sont des branches chétives dans un cas comme dans l'autre. Où
la séve n'a pas la force de donner de la feuille, elle
donne de la fleur, voilà tout. Nous n'avons donc pas
à nous inquiéter du jargon de la pratique et à nous
mettre des bâtons dans les jambes alors que nous
pouvons marcher librement.

Si j'ai besoin d'un pêcher vigoureux, je le greffe
sur franc de noyau, sur amandier en France, ou
sur prunier en Belgique. Si j'ai besoin, au contraire, d'un pêcher nain, je le greffe sur ragouminier (*Cerasus pumila*), ou tout simplement sur
prunellier des haies, comme le conseillait dans ces
derniers temps un jardinier d'Anvers.

Je plante ma greffe d'un an à l'automne et la
taille au printemps, à 30 centimètres environ du
sol. Comme j'ai besoin d'un bourgeon qui continue
la tige et de deux bourgeons latéraux pour faire
mes deux premières branches de charpente, je taille
sur trois yeux, dont le supérieur doit occuper le
devant de la tige. J'obtiens, la première année, trois
rameaux que je palisse, le premier verticalement,
les deux du dessous latéralement.

L'année d'après, je songe à établir deux nou-

velles branches, à 50 centimètres à peu près des
anciennes. Je rogne, par conséquent, ma flèche sur
un bourgeon de devant à quelques centimètres au-
dessus des deux bourgeons latéraux. En même
temps, je taille mes branches de la base sur un œil
de devant, de façon à leur laisser beaucoup de bois,
un mètre de longueur environ, afin qu'elles se main-
tiennent fortes et ne se laissent pas affamer. La
seconde taille me donne donc un rameau de prolongement à chacune des branches de la base et trois
rameaux sur la tige, dont un pour continuer cette
tige, et deux pour établir les branches du second
étage.

Tous les ans, je forme ainsi un nouvel étage de
branches, et, tous les ans, si j'ai affaire à un pêcher
vigoureux, je taille ces branches à un mètre de
longueur. De cette manière, mes branches latérales
du premier étage, c'est-à-dire de la partie inférieure, atteignent quatre mètres de développement
en quatre ans; celles du deuxième étage, quatre
mètres en cinq ans; celles du troisième étage,
quatre mètres en six ans, et ainsi de suite. — Dans
le cas, bien entendu, où j'aurais affaire à un pêcher
peu vigoureux, je devrais forcément proportionner
la taille à sa force; autrement, je m'exposerais à
avoir une charpente dénudée.

Il va sans dire que je n'incline pas brusquement
mes branches latérales vers l'horizontale, mais que
je les amène lentement dans cette position, d'année
en année, pendant quatre ans.

En même temps que je fais la charpente de mon
arbre, les branches de cette charpente émettent des
rameaux sur un grand nombre de points, en dessus, en dessous, en avant et en arrière. Je supprime
ceux qui sont en arrière, entre l'arbre et le mur; .

je pince à 3 ou 4 centimètres ceux qui sont en avant;
j'arrête par le pincement aussi les rameaux de dessus qui vont trop vite; je ménage ceux de dessous
qui n'ont pas d'habitude une grande vigueur.

Chaque année, les rameaux du pêcher doivent
être renouvelés, afin de toujours maintenir la séve
dans le voisinage de la charpente, sans quoi les
grosses branches se dégarniraient, se dénuderaient
promptement. Pour renouveler ces rameaux, je les
taille près de leur base, au-dessus de deux bourgeons. Ces deux bourgeons, dits *de remplacement*,
se développent. Quand ils ont 5 ou 6 centimètres
de longueur, j'en supprime un et je conserve, autant que possible, le plus rapproché de la grosse
branche. Celui-ci pourra me donner de la fleur et
du fruit l'année d'ensuite. S'il ne me donne ni fleurs
ni fruits, à quoi bon le conserver puisque je n'ai
plus rien à en attendre? Je le supprime donc tout
de suite au-dessus des deux bourgeons de remplacement qui se développent aussitôt, et je ne conserve, comme précédemment, que le plus rapproché
de la branche ou bien le rameau supérieur, si celui-
ci est un peu plus faible, c'est-à-dire mieux disposé
à fructifier. Si les fruits nouent, je les laisse mûrir,
et, après la récolte, j'enlève, avec le sécateur ou la
serpette, la branche qui a porté les pêches, et je
ne conserve que le bourgeon de remplacement qui
s'est développé en même temps que les pêches se
formaient.

Ce que je viens de dire s'applique à la formation
des rameaux fructifères pendant le cours de la végétation. Mais il me reste à parler de la première
taille de printemps qui porte ou sur des rameaux
prêts à fleurir ou même sur des rameaux fleuris.
Plus tôt, la taille n'est pas possible, puisqu'on ne

saurait distinguer les boutons des bourgeons et que l'on opérerait en aveugle.

Si les rameaux à fleurs sont très-faibles, très-chétifs, comme la chiffonne et la branche à bouquet, on ne les taille pas; si les rameaux à fleurs sont, au contraire, convenablement constitués, on taille ceux du dessus des branches à quatre fleurs, et ceux du dessous à deux ou trois fleurs seulement. Cette suppression permet aux bourgeons de remplacement de pousser à la base des rameaux taillés, tandis que, dans l'ordre naturel, ces bourgeons ne devraient se développer que l'année suivante. On a donc des rameaux de remplacement anticipés ou de faux rameaux de remplacement. C'est un moyen d'augmenter la production, au préjudice de la vie de l'arbre. Si le cultivateur a tort au point de vue de la nature, il a peut-être raison au point de vue de son intérêt personnel.

Si je craignais que mes faux rameaux de remplacement ne bougeassent point ou pas assez, après la taille, je sacrifierais des fruits ou j'éborgnerais les bourgeons inutiles, c'est-à-dire ceux qui n'accompagnent aucun fruit de très-près. J'en sais même qui sacrifient entièrement rameau et fruits pour faire développer les bourgeons de remplacement. Mais à quoi bon jeter deux ou trois pêches cette année pour conquérir deux ou trois pêches l'année suivante. Où sera le profit?

Parfois il arrive que, sur des pêchers vigoureux, trois rameaux fructifères tiennent à la même coursonne. Dans ce cas, je taille à deux yeux le plus rapproché de la mère-branche, je supprime entièrement celui qui vient ensuite et je taille le plus éloigné sur quatre boutons, afin d'avoir du fruit. C'est ce qu'on appelle la taille en *crochets*.

Parfois aussi, les rameaux fructifères qui devraient être à 15 centimètres environ l'un de l'autre sur les branches de charpente, s'y trouvent trop rapprochés. Alors on les taille longs pour avoir beaucoup de fruits, puis, on les supprime entièrement. C'est ce qu'on appelle *tailler en toute perte*.

A force de renouveler les rameaux fructifères, de tailler sur la même branche, d'accumuler taille sur taille, on finit par éloigner les rameaux de remplacement des branches de charpente, en allongeant la branche coursonne outre mesure. Alors, on doit la tordre jusqu'à ce qu'elle craque, dans l'espoir qu'un œil endormi s'éveillera au-dessous du point de rupture et produira un rameau plus rapproché de la mère-branche.

ÉVENTAIL DE CONTRE-ESPALIER. — Les arbres qui s'accommodent du contre-espalier seront conduits comme les éventails d'espalier. Seulement, on permettra aux rameaux à fruits de se produire en avant et en arrière.

XIV

TAILLE DE LA VIGNE EN CORDONS ET EN PALMETTE.

La connaissance de la taille de la vigne est importante partout, mais principalement dans les contrées peu favorisées, où le raisin ne réussit bien, ne mûrit bien qu'à la condition d'être cultivé avec intelligence. Ce n'est ni le terrain, ni le soleil qui ont fait la réputation de Thomery, en France, et des villages du Westland, en Hollande; c'est la bonne culture. Pour ma part, je connais sur divers points de la Belgique des treilles qui mûrissent difficilement leurs fruits, et qui, bien certainement, les mûriraient chaque année, si ces treilles étaient conduites selon les règles de l'art. Plus on se rapproche du nord, plus les raisins exigent de chaleur nécessairement, moins il doit y avoir de confusion dans la charpente des treilles, et moins les branches de cette charpente doivent être éloignées du sol. Or, les formes qui remplissent le mieux ces conditions, sont les cordons et la palmette.

Parlons d'abord de la plantation : — Vous commencerez par ouvrir, au printemps, une fosse de 20 à 50 centimètres de profondeur sur 45 centimètres de largeur, parallèlement au mur, et à 1 mètre 33 centimètres en avant de ce mur. Dans cette fosse, vous ramènerez de la bonne terre meuble et y placerez, de distance en distance, à 60 centimètres l'une de l'autre, par exemple, des boutures en crossettes ; vous remplirez la fosse à moitié avec du terreau, puis vous taillerez sur deux bourgeons ou *bourres*, pour nous servir de l'expression des vignerons.

Les boutures prendront racine, les bourres se développeront, et vous aurez, la même année, deux rameaux ou sarments. L'année d'après, vous supprimerez, en février ou mars, le plus faible de ces sarments et vous taillerez l'autre à trois yeux. La troisième année, si les plants vous semblent vigoureux et parfaitement enracinés, vous réserverez un rameau dans toute sa longueur sur chacun de ces plants et vous supprimerez les deux autres jusque sur la couronne ou empattement.

Cela fait, vous défoncerez à 80 centimètres ou même 1 mètre la plate-bande comprise entre le mur et la fosse aux ceps de vigne ; puis, en face de chaque cep et perpendiculairement au mur, vous ouvrirez une rigole de 12 à 15 centimètres de profondeur sur 60 centimètres environ de longueur. Vous y coucherez la jeune souche ; vous l'y fixerez avec des crochets en bois, après en avoir relevé l'extrémité, et vous recouvrirez de bonne terre. Vous taillerez cette extrémité sur deux bourres ou même sur une seule, et quand le nouveau ou les nouveaux rameaux le permettront, vous les fixerez à un tuteur ou échalas de 1 mètre 33 centimètres.

L'année suivante, vous continuerez la rigole jusque près du mur ; vous y coucherez le sarment comme précédemment ; vous relèverez son extrémité et le taillerez sur deux bourres.

C'est, j'en conviens, dépenser beaucoup de temps pour amener une tige de vigne au mur, mais aussi c'est du temps bien employé. On irait plus vite en se procurant des plants enracinés chez le pépiniériste et en les plantant tout de suite près du mur, mais aurait-on la même puissance de végétation qu'avec des ceps enracinés à tous leurs nœuds sur une longueur de quatre pieds? Évidemment non.

Quoi qu'il en soit, nos vignes sont au mur ; les deux bourres vont donner deux rameaux que vous laisserez pousser librement, sans autre précaution que celle de les rapprocher d'un échalas avec des ligatures lâches. Au printemps suivant, vous supprimerez l'un de ces rameaux ou sarments et garderez le plus vigoureux pour former la tige de la treille, ou plutôt vous taillerez celui-ci à 12 ou 15 centimètres de hauteur sur un œil de devant ou un œil de derrière et dans le proche voisinage de deux bourres de côté. Vous laisserez partir ces trois bourgeons que vous palisserez, l'un verticalement, pour former la tige, les deux autres à droite et à gauche, dès qu'ils offriront assez de consistance. Vous ne laisserez pousser ni faux rameaux, ni ailerons à l'aisselle des feuilles pendant le cours de la végétation.

A la taille de l'année suivante, vous rabattrez la tige à 12 centimètres environ de la taille précédente, et toujours sur un œil de devant ou de derrière. Vous rabattrez de même les sarments latéraux ou de côté sur deux yeux, et ces yeux, en se développant, pourront déjà vous donner deux rai-

sins par rameau, tandis que la tige continuera à
s'élever. Vous palisserez comme précédemment.

Vous pouvez établir le premier cordon de chaque
côté de la tige à 30 ou 40 centimètres du sol, le second cordon à 50 centi-
mètres au-dessus du pre-
mier, le troisième à 50
centimètres du second, et
ainsi de suite.

Je suppose donc que
notre tige soit arrivée au
point marqué pour établir
un de ces cordons; com-
ment devons-nous procé-
der ? A l'époque de la
taille, nous supprimerons
jusqu'à l'empattement les
coursons latéraux et leurs
rameaux qui nous don-
naient quelques raisins,
et dont nous n'avons plus
besoin. Après cela, nous
courberons la tige à sa
partie supérieure et un peu
au-dessus d'une bourre.
Nous palisserons la partie
courbée sur un angle de
70° d'abord (fig. 75),
et, l'année d'après, nous

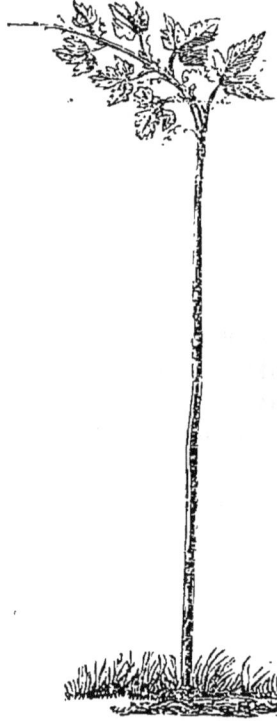

Fig. 75.

l'abaisserons jusqu'à l'horizontale. Ce premier
palissage fait, la séve, gênée dans sa course, fera
développer la bourre située au-dessous et près du
coude. Nous la laisserons aller librement en même
temps que nous modérerons la végétation de la
partie courbée. Dès que le rameau libre aura à peu

près la force de cette dernière partie, nous l'inclinerons et le palisserons de l'autre côté. Nous aurons
ainsi nos deux cordons, l'un à droite, l'autre à gauche, et notre treille présentera la forme d'un **T**
(fig. 76).

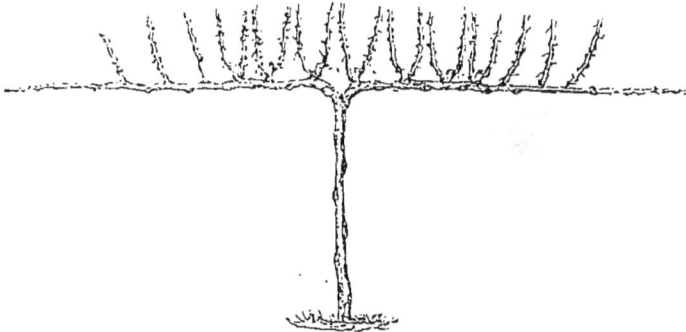

Fig. 76.

Comme chaque bras du cordon ne doit pas
s'étendre au delà de 1 mètre 30, il serait facile
de les former en deux ans;
mais, en procédant aussi
lestement, on s'exposerait à
avoir des cordons dénudés.
Mieux vaut donc les former
très-lentement, y mettre
quatre ans, s'il le faut,
c'est-à-dire les pincer, les
retarder, les arrêter au besoin, afin de développer
des rameaux fructifères en
quantité convenable. Les
coursons qui porteront ces

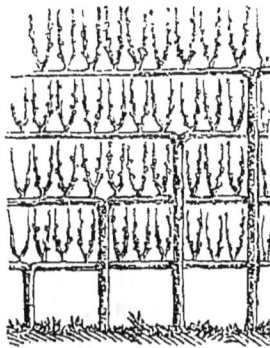

Fig. 77.

rameaux devront occuper le dessus des cordons
comme sur la fig. 76 et la fig. 77 qui représentent
plusieurs cordons.

Pour la taille de la vigne, on peut se servir du sécateur au lieu de la serpette. Nous préférons le sécateur anglais (fig. 78) au sécateur ordinaire (fig. 79).

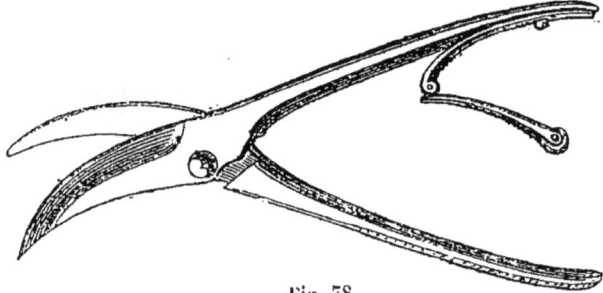

Fig. 78.

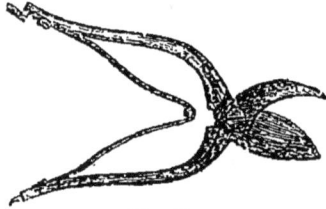

Fig. 79.

TREILLE EN PALMETTE. — Cette forme, moins productive que la précédente, convient mieux pour les murs de peu d'étendue. Voici, en quelques mots, la manière de l'établir :

Votre vigne arrive au mur; vous la taillez sur deux bourres, et vous obtenez, par conséquent, deux rameaux. L'année d'après, vous supprimez entièrement un de ces rameaux, et vous gardez le plus vigoureux ou le mieux placé. Vous taillez alors celui-ci sur trois yeux, dont un sur le devant pour continuer la tige, et un de chaque côté pour former les premiers coursons à environ 30 cent.

du sol. La troisième année, vous taillez la tige sur
un œil de devant et à 15 ou 18 centimètres de la
taille précédente ; vous supprimez un des deux sarments qui se trouvent sur le côté et rabattez l'autre
au-dessus du second œil. Le deuxième étage de
coursons s'établira au-dessous de la taille de troisième année : vous continuerez ainsi, tant que la
hauteur du mur le permettra.

TREILLE DU WESTLAND. — Dans la partie de la
Hollande qui avoisine la Haye et qui porte le nom
de Westland, on cultive la vigne en treille avec un
succès remarquable. La forme adoptée n'est point
celle de Thomery précisément, mais elle s'en rapproche beaucoup. Elle consiste en cordons peu
réguliers, établis de chaque côté de la souche et
rasant presque le sol. Les coursons sont établis sur
ces cordons et palissés contre des murs en briques
de deux mètres à deux mètres et demi de hauteur.
Sous ce climat, plus les raisins sont rapprochés
de la terre, mieux ils mûrissent et plus ils valent.
On a essayé des murs élevés et l'on y a bien vite
renoncé.

Il me semble que sur différents points de la Belgique, on ferait bien d'imiter les Hollandais du
Westland, et de construire, à leur exemple, des
espaliers creux, c'est-à-dire des murs doubles en
briques, vides à l'intérieur, conservant mieux leur
chaleur que les murs simples et destinés particulièrement aux vignes à raisins rouges, moins robustes que les vignes à raisins blancs.

XV

DE L'ENTRETIEN DES ARBRES.

Il ne suffit pas de tailler les arbres chaque année
pour les maintenir sous des formes convenables et
agréables à l'œil, il faut encore les suivre et les surveiller pendant le cours de leur végétation. L'arbre
qui se développe a besoin du jardinier comme l'enfant de sa mère; il ne doit pas être perdu de vue
huit jours de suite. C'est ce que les propriétaires-
amateurs oublient trop souvent; quand la serpette a
passé chez eux, il leur semble que la besogne est
finie. Cependant, elle n'est que commencée.

Aussitôt la taille exécutée, on doit procéder au
palissage en sec, soit avec des brins d'osier pour
les branches, soit avec du jonc ou des écorces pour
les rameaux, soit avec des loques de laine (fig. 80 A)
et des clous (fig. 80 B) quand les espaliers le permettent. Ce dernier moyen, d'un usage général à
Montreuil, où les espaliers sont en plâtre, est sans
contredit le meilleur.

Les murs contre lesquels on palisse doivent être
recouverts d'un chaperon en ardoises, tuiles, plan-

ches ou chaume, c'est-à-dire d'un petit toit qui
avancera de 25 à 30 centimètres seulement, afin
de préserver les ar-
bres des pluies, de
ralentir la végétation
des extrémités et de
les préserver un peu
des gelées. S'il avan-
çait plus, il deviendrait nuisible.

Fig. 80.

Par cela même que le chaperon ne
suffit point à soustraire les pêches et les
abricots aux effets des gelées tardives,
on a imaginé des abris mobiles pour lui
venir en aide. Autrefois, ces abris consis-
taient en paillassons liés sur des morceaux de bois
fixés au sommet du mur, sous le chaperon (fig. 81);
mais une fois les paillassons enlevés, les appuis

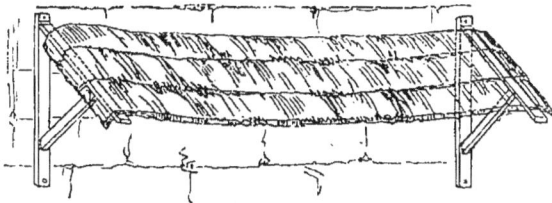

Fig. 81.

étaient d'un mauvais effet. De Combles songea donc
à modifier le procédé, appliqué pour la première
fois à Bagnolet par Girardot, ancien mousquetaire
et habile cultivateur de pêchers. « Au lieu, dit de
« Combles, de ces morceaux de bois, scellés à de-
« meure dans les murs, qui font un vilain effet à la
« vue pendant l'été, j'ai fait faire des petites po-
« tences de bois léger, dont le dessus va un peu en

» talus pour favoriser l'écoulement des eaux de la
» couverture qu'elles portent. Elles s'attachent avec
» des osiers à la dernière maille du treillage, de
» six pieds en six pieds; et au lieu de planches,
» j'ai fait faire, à l'imitation des habitants de Mon-
» treuil, des petits paillassons de deux pieds envi-
» ron de largeur sur douze et demi de longueur,
» liés par deux lattes. Au mois de février, je pose
» mes paillassons sur ces potences, et je les y ar-
» rête avec des osiers. Ils demeurent en cet état
» jusqu'au mois de mai, et je fais tout délier et
» rapporter dans ma serre. Il n'y a que deux jour-
» nées d'employées à cette opération; les frais
» sont peu considérables, et constamment cette cou-
» verture défend bien les fruits, quoiqu'elle ne les
» mette pas en pleine sûreté. Voilà tout ce que je
» puis conseiller.

Fig. 82.

» Le dernier expédient que je viens d'exposer ne
» peut avoir lieu qu'autant qu'il y a un treillage
» aux espaliers (fig. 82). »

Quand les arbres fleuris ne sont pas au mur, tels

que ceux en pyramides ou en vases nains, par
exemple, on se sert d'abris d'une autre forme pour
les protéger contre les gelées tardives. Tantôt, une
mince étoffe interposée entre le ciel et l'arbre donne
de bons résultats; tantôt, on a recours à des cha-
peaux de paille (fig. 83) plus larges que la base des
arbres à protéger.

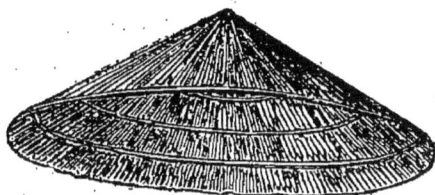

Fig. 83.

Certaines personnes se disent que la neige est un
engrais et qu'il convient d'en amasser au pied des
arbres, en hiver, pour les fumer. C'est un usage
contre lequel nous ne saurions trop nous élever.
Tout ce qui vit donne de la chaleur, arbre ou bête.
Or, la neige absorbe cette chaleur et refroidit beaucoup l'arbre au préjudice de la circulation de la
séve. Au moment de la fonte des neiges, vous remarquerez que celle qui touche aux arbres fond
très-vite.

Quelques rares amateurs ont soin de rouler de la
paille autour des tiges de leurs arbres en fleurs et
jusqu'aux premières branches, afin de les soustraire
au refroidissement des nuits qui ralentit ou suspend
la marche de la séve, de façon à empêcher les fruits
de nouer ou à les affamer dès qu'ils sont formés.
Ce procédé facile et applicable sur une petite
échelle, nous paraît bon et digne d'être recommandé
en temps de lune rousse.

Si le froid est nuisible à la circulation de la séve,

la grande sécheresse ne l'est pas moins, surtout lorsqu'elle se produit en mai ou en juin. Par cela même qu'il y a grande évaporation d'eau, la séve ne se forme plus en quantité suffisante, ne circule plus, et il devient urgent de la rétablir et de l'entretenir. A cet effet, on doit arroser assez souvent le pied et le feuillage des arbres souffrants; autrement, les fruits noués tomberaient en grande partie.

A partir de la même époque, on fera bien aussi d'abriter les pieds des abricotiers contre les fortes chaleurs, c'est-à-dire de les masquer avec des planches ou des paillassons, de dix heures du matin jusqu'à trois heures de l'après-midi. Sans cette précaution, on expose les arbres à périr d'un coup de soleil.

Toutes les fois qu'en visitant vos arbres, vous découvrirez des feuilles roulées, pressez fortement ces feuilles, afin d'écraser les larves d'insectes qui s'y trouvent.

Pendant les quatre ou cinq premières semaines de la végétation, vous visiterez les arbres taillés deux ou trois fois par semaine; vous pincerez rigoureusement les rameaux inutiles, vous pincerez légèrement ceux qui feront mine d'aller trop vite, non pas tous le même jour, mais à des intervalles convenables, pour ne pas trop faire souffrir les arbres.

Durant le cours de la végétation de vos arbres en espaliers ou contre-espaliers, vous palisserez en vert les rameaux utiles, au fur et à mesure qu'ils se développeront, et les fixerez au treillage avec du jonc. Vous commencerez l'opération par les rameaux vigoureux, autrement dit par le dessus des branches, et vous finirez par les rameaux faibles qui occupent ordinairement le dessous de ces mêmes

branches. Vous ne croiserez pas les rameaux en
question ; vous ne les serrerez pas trop ; vous n'en-
gagerez pas les feuilles sous les ligatures ; vous
laisserez les extrémités libres. Enfin, vous gênerez
un peu plus les rameaux du dessus des branches
que ceux du dessous, parce que les premiers vont
ordinairement trop vite et les seconds trop lentement.

Si nous avons à exécuter la taille en sec pendant
l'hiver et à la sortie de l'hiver, nous avons aussi à
exécuter sur les arbres feuillus une taille qui prend
le nom de *taille en vert*. On commence ce travail
par les arbres âgés et on le termine par les arbres
jeunes et vigoureux ; donc, vers le milieu de l'été,
quand la séve a un peu ralenti sa marche et que
les afflux considérables ne sont guère à redouter,
vous supprimerez les forts rameaux du dessus des
branches, dont vous n'avez que faire et ne laisserez
que les faibles. En dessous des branches, au contraire, vous conserverez les plus vigoureux. Lorsqu'à
l'extrémité d'une branche de prolongement, vous
aurez plusieurs faux rameaux ou rameaux anticipés, ce qui se voit communément, vous maintien-
drez le mieux constitué et supprimerez les autres
dès qu'ils auront sept ou huit centimètres. Si vous
vous y preniez plus tôt, des bourgeons se dévelop-
peraient à la base des rameaux amputés ; si vous
vous y preniez trop tard, vous auriez trop de séve
à déplacer et la végétation serait troublée.

Si les rameaux appartenaient à une branche de
prolongement plus ou moins faible, vous vous con-
tenteriez de les pincer et ne les supprimeriez pas,
parce que, dans ce cas, ils sont nécessaires pour
appeler la séve et faire grossir la branche. Vers les
extrémités des branches, où la séve se porte tou-

jours en abondance, vous pincerez les rameaux à huit ou dix centimètres de leur insertion ; partout ailleurs, vous les pincerez moins et leur laisserez, par conséquent, plus de longueur. Nous ajouterons que le pincement doit être plus rigoureux sur les arbres à noyaux que sur ceux à pepins.

Sur le pêcher et l'abricotier, vous taillerez en vert les rameaux qui n'auront pas noué leurs fruits ; vous taillerez très-court ceux qui, trop vigoureux, menaceraient de passer à l'état de rameaux gourmands ; et, dans le cas où un rameau pincé trop énergiquement aurait donné de faux rameaux, vous le tailleriez aussi.

En juin, vous éclaircirez les fruits du pêcher, de façon à ce qu'ils ne se gênent point et puissent mieux se développer.

En août, vous taillerez en vert les arbres à pepins au-dessus de la troisième ou de la quatrième feuille, et seulement les rameaux conservés à l'époque du pincement. Il est inutile d'ajouter que vous procéderez par intervalles, à plusieurs jours de distance, et que vous ne toucherez plus à ces rameaux à l'époque de la taille d'hiver. Ces recommandations sont de M. Hardy et nous paraissent bonnes. Il conseille aussi de tailler en vert les branches de deux ou trois ans dont l'écorce se ride et s'écaille pour des raisons que nous ne connaissons pas.

En août, quand vous aurez affaire à des arbres vigoureux et difficiles à mettre à fruits, vous pourrez casser à demi des rameaux non pincés ou pincés long. La plaie produite par le cassement fera souffrir l'arbre plus qu'une taille régulière et le forcera à fructifier l'année suivante. Toutefois, nous ne conseillons pas d'opérer le cassement après une année sèche ou en terrain sec.

C'est encore le moment d'arquer des branches de deux ou trois ans pour provoquer la fructification.

Vous remarquerez que les poires, soutenues verticalement sur leur queue, se développent mieux que les fruits inclinés ou renversés. Vous aurez donc soin d'en redresser un certain nombre afin de ne pas gêner la circulation de la séve et d'obtenir des sujets de choix.

Lorsque les fruits auront atteint leur développement complet, vous songerez à l'effeuillage, c'est-à-dire à enlever prudemment et peu à peu les feuilles qui soustraient ces fruits aux influences directes du soleil. L'effeuillage a pour but et pour résultat de colorer les fruits en question, de précipiter leur maturité et de diminuer l'âpreté chez quelques-uns d'entre eux. Vous effeuillerez par un temps couvert et toujours en conservant les pétioles ou queues des feuilles. Pour éviter les coups de soleil qui pourraient rider et altérer le fruit, vous n'enlèverez d'abord qu'une partie de chaque feuille et reviendrez à la charge à plusieurs reprises, tous les quatre ou cinq jours, par exemple, afin de ménager la transition.

A l'entrée de l'hiver, vous fumerez vos arbres avec de l'engrais bien décomposé ou facile à lessiver par les pluies.

A la sortie de l'hiver, vers la fin de février, vous raclerez et détacherez les vieilles écorces mortes, afin de dénicher les insectes qui s'y logent et de favoriser la végétation. Vous pourrez laver ensuite avec de l'eau de chaux.

En temps pluvieux, vous détacherez la mousse et les lichens des écorces unies ; vous enlèverez, en outre, le gui qui s'attache aux vieux arbres de vergers, et au lieu de le jeter, vous en nourrirez vos vaches avec profit.

Avant le départ de la végétation, vous détache-rez avec la scie les branches ou parties de branches mortes.

Dans le cas où vous auriez des arbres épuisés par une fructification trop précoce, vous pourriez les rapprocher, c'est-à-dire les tailler court sur le vieux bois, dans le voisinage d'un nœud ou d'une courbure. Si ces arbres n'étaient pas trop affaiblis, ils émettraient des rameaux vigoureux, propres à rétablir la charpente.

Si vous aviez des pyramides et des palmettes, encore vigoureuses de la tige, mais à branches décrépites, vous ravaleriez ces branches, autre-ment dit, vous les amputeriez sur l'empatement, afin d'obtenir une nouvelle charpente. Vous endui-riez les plaies avec l'onguent de Saint-Fiacre,

Si vous aviez affaire à des arbres vigoureux en racines, mais pauvres en tiges et en branches, vous pourriez les restaurer par le recepage, qui consiste à couper l'arbre près du collet et à provoquer l'émission d'un rejet vigoureux.

Si, enfin, de vieux arbres de verger cessaient de donner de beaux fruits, faute de vigueur, vous les rajeuniriez pour un certain temps en raccourcis-sant leurs branches et les greffant en couronne.

Nous n'avons pas tout dit sur l'entretien des arbres; nous avons encore à parler des maladies qui les affectent et des insectes qui ne les ména-gent pas.

Ces maladies, pour le pêcher, sont la gomme, la cloque, le blanc et la rouille.

La *gomme* paraît être une altération de la sève, produite, soit par un état de gêne dans la circula-

tion, soit par l'effet du soleil. Elle est plus commune, beaucoup plus en allant vers le midi qu'en
se rapprochant du nord. Pour combattre cette
affection, on incise très-légèrement l'écorce dans le
sens de la longueur et sur divers points de la circonférence des branches, afin de faciliter la circulation de la séve. D'autrefois, on se borne à nettoyer
la gomme jusqu'au vif avec le bec de la serpette et
à couvrir la plaie de cire à greffer. Nous croyons
que pendant les premières semaines de la végétation, on se trouverait bien de mouiller les branches,
matin et soir, en temps de sécheresse, au moyen
d'une éponge, ou de les enduire d'un mastic composé de bouse de vaches, de terre glaise, de sciure
de bois et d'eau. Nous voudrions par là prévenir
cette évaporation considérable qui détermine ordinairement la production de la gomme chez les arbres
à fruits à noyaux.

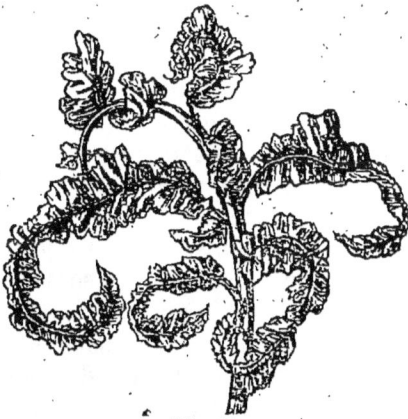

Fig. 84.

La *cloque* (fig. 84) est une maladie du pêcher qui
se déclare au printemps, lorsque des coups de

soleil surviennent après une pluie, ou bien lorsqu'il y a brusque transition de température. Les
jeunes feuilles des extrémités se contournent, se
recroquevillent, se boursoufflent en se dédoublant
et font considérablement souffrir l'arbre.

Quand le mal est fait, il ne reste plus d'autre
ressource que d'enlever les feuilles en ménageant la
queue ou pétiole. Cette affection, surtout commune
sur les arbres mal abrités, est prévenue jusqu'à un
certain point par l'abri de de Combles, dont il a
été parlé précédemment.

Le *blanc* est une moisissure qui s'attache aux
feuilles, aux bourgeons et aux fruits. On n'en indique pas la cause, mais, vraisemblablement, elle
consiste, ainsi que celle des autres maladies, dans
les tortures de la culture forcée. Nous n'avons
jamais vu ces affections sur nos pêchers de pleine
terre et de plein vent. — On combat le blanc en
mouillant d'abord, avec la seringue, les parties atta-
quées et en les saupoudrant ensuite avec de la
fleur de soufre.

La *rouille* est également un champignon qui se
présente sur les feuilles et les rameaux sous l'aspect
de taches rousses. Elle fait tomber ces feuilles et
fatigue l'arbre. Peut-être viendra-t-on à bout de
s'en défaire avec de l'eau vinaigrée.

Chez les arbres à pepins, les deux principales
maladies que vous aurez à combattre sont le chancre
et la chlorose.

Le *chancre* est surtout commun sous les climats
et dans les terrains humides. M. Hardy assure qu'il
l'est également dans les terrains très-secs. Pour
notre compte, c'est ce que nous n'avons pas observé.
Nous attribuons cette maladie à un arrêt de la séve,
qui, n'ayant point d'issue, fermente sous l'écorce

et désorganise les tissus. Ce qui nous porte à lui
donner cette cause, c'est que le chancre se produit
presque toujours dans le voisinage d'une
forte amputation, lorsqu'il ne s'y trouve
point de rameaux assez vigoureux pour lui
servir d'issue. C'est qu'en outre les plein-
vents sont peu sujets au chancre, tandis
que les jeunes arbres taillés court ont beaucoup à en souffrir; c'est qu'enfin des arbres
chancreux, provenant d'un sol humide, se
guérissent assez ordinairement lorsqu'on les
transporte dans un terrain sec ou assaini.

Fig. 85.

Dès que le chancre s'annonce par l'aspect terne
de l'écorce, on doit faire partir plusieurs incisions
longitudinales de ce point afin de rétablir le cours
de la séve et de limiter la désorganisation. Il est à
remarquer que les amateurs qui incisent les tiges
de leurs arbres taillés, de bas en haut et sur trois
ou quatre points de la circonférence, ont moins à
se plaindre de cette affection que ceux qui n'incisent
point. Il est à remarquer aussi que les personnes
qui amputent les arbres avec intelligence, c'est-à-
dire à proximité de rameaux ou branches vigoureux, n'ont pas non plus à souffrir beaucoup des
chancres.

La plaie qu'ils occasionnent doit être nettoyée à
fond, jusqu'au vif, puis remplie avec de l'onguent
de Saint-Fiacre (fig. 85).

La *chlorose*, surtout commune sur le poirier,
est l'indice d'une séve appauvrie. Les feuilles de
l'arbre pâlissent, jaunissent et n'ont point de vigueur. Elle est provoquée soit par l'épuisement du
sol, soit par les insectes qui attaquent les racines
ou les minent, soit enfin par une exposition trop
chaude. Indiquer les causes, c'est naturellement

12.

indiquer le remède, qui consiste à renouveler la
terre, à fumer et à arroser. Ce procédé nous paraît
plus facilement applicable, plus sûr et plus convenable que l'emploi des dissolutions de sulfate de fer
ou couperose verte. Cependant il pourrait se faire
que les deux moyens réunis fussent plus énergiques
encore que l'un et l'autre employés isolément. C'est
à essayer.

Dans certains cas, les feuilles des arbres, sans
perdre leur couleur verte, se ternissent, retom-
bent et se détachent, sans que l'on sache pourquoi.
Il paraîtrait que cette affection est due au séjour
des racines dans une terre constamment mouillée.
S'il en était ainsi, on pourrait obvier au mal ou
rétablir les arbres par un drainage circulaire à une
grande profondeur.

Dans ces dernières années, la vigne a eu énor-
mément à souffrir de l'oïdium. Le champignon
désigné sous ce nom, n'est vraisemblablement que
l'effet et non la cause du mal. On l'a combattu avec
un certain succès au moyen de la fleur de soufre.
Ce succès se maintiendra-t-il?

Passons maintenant aux animaux qui s'attaquent
à nos arbres fruitiers.

Nous avons à nous défendre d'abord contre des
oiseaux de toutes sortes. On a essayé de divers
moyens pour les éloigner, des épouvantails immo-
biles, des petits moulins à vent, des oiseaux de
proie empaillés, des détonations d'armes à feu, des
filets pour recouvrir les arbres. Malheureusement,
ces moyens ne sont pas toujours facilement prati-
cables, ni toujours d'une efficacité reconnue. L'emploi des miroirs doubles, suspendus à des fils ou
ficelles, s'agitant avec le vent et lançant des reflets
en temps de soleil, sont préférables à tous les pro-

cédés recommandés. A défaut de miroir double, on se contente de morceaux de glace ou de miroir cassés que l'on attache aux deux extrémités d'un fil aux branches des arbres. Nous les avons vu employer pour la première fois dans un jardin de Chaillot, et nous avons reconnu qu'ils protégeaient parfaitement les cerises mûres contre la voracité des moineaux.

Après les oiseaux, viennent les loirs, lérots, rats, campagnols, qui font de grands dégats parmi nos fruits d'espalier. On se défend contre eux avec des pots vernissés en dedans, à moitié remplis d'eau et enterrés jusqu'aux bords, ou bien encore avec les piéges que tout le monde connait.

Nous croyons les tartines de pâte phosphorée plus énergiques que ces procédés.

Les taupes ont l'inconvénient d'ouvrir des galeries parmi les racines de nos arbres et de nuire ainsi à leur végétation. Nous ne connaissons que deux moyens de nous en défendre : les piéges ordinaires ou l'emploi de boulettes préparées avec des vers de terre hachés et un peu de noix vomique. On jette quelques-unes de ces boulettes dans leurs trous et il est rare que le procédé ne réussisse point. Dans le cas où les arbres seraient minés, on aurait soin de remplir les souterrains, au moyen d'un pieu effilé que l'on enfoncerait sur tous les points dans le proche voisinage des arbres, afin d'effondrer les parties minées.

Les chenilles sont fort à craindre, en ce sens qu'elles dépouillent les arbres de leurs feuilles et les font souffrir considérablement. Nous devons donc écheniller avec soin et brûler les nids tout aussitôt.

Quand nous découvrons beaucoup de chenilles

réunies, nous devons les détruire avec de l'eau de savon noir.

Les perce-oreilles ou forficules attaquent également nos fruits. Comme ces insectes aiment l'ombre et l'obscurité pendant le jour, on fera bien de disposer un tas de feuilles près des arbres. Ils s'y cacheront et plus rien ne nous empêchera de les détruire.

Quelques auteurs considèrent la courtilière ou taupe-grillon comme nuisible aux arbres, en ce qu'elle coupe les jeunes racines qui gênent son passage. Pour notre compte, cet insecte nous paraît peu redoutable dans ce cas particulier; mais le fût-il, il suffirait de verser à l'ouverture de ses galeries un peu d'eau et, en même temps que cette eau, la valeur d'une cuillerée d'huile quelconque. L'eau entraîne l'huile qui force la courtilière à sortir de sa galerie et à venir expirer au dehors. Dans cette circonstance, l'huile bouche les conduits respiratoires de l'insecte et l'asphyxie, ou bien elle l'empoisonne.

On conseille aussi, dans le même but, l'eau de savon ou de l'eau dans laquelle on a fait bouillir du tourteau de graines oléagineuses.

Les guêpes font beaucoup de mal aux fruits mûrs. Il s'agit donc de détruire leurs nids avec des mèches soufrées, pour les faire périr en masse, ou de leur tendre des piéges, qui consistent à remplir à demi d'eau miellée des fioles que l'on suspend aux branches des arbres. Cette eau les attire et elles s'y noient.

En ce qui regarde les pucerons, les fumigations de tabac sont très-recommandées. Pour les appliquer, on recouvre les arbres d'une toile mouillée, et on brûle le tabac en dessous, sur un réchaud,

pendant quinze à vingt minutes. Quelques jardiniers font bouillir du tabac à fumer dans de l'eau
et se servent de la décoction pour en laver les
branches avec une brosse. Nous croyons que l'eau
fortement salée, qui détruit très-bien les pucerons
du chou, pourrait également détruire ceux des arbres.

Le plus redoutable de ces
insectes est le puceron lanigère
ou mysoxile (fig. 86 et 87) qui

Fig. 86.   Fig. 87.

s'attaque surtout aux pommiers
(fig. 88). On le reconnaît facilement au duvet blanc qui le recouvre. M. Lachaume, un de
nos meilleurs jardiniers français,
recommande de prendre vingt
litres d'eau de tuyaux de poêle,

Fig. 88.

dix litres d'urine pourrie et un kilogramme de mine
de plomb, de mélanger le tout et d'en laver les arbres
avec une brosse dans le courant de février ou de
mars. Si une première opération ne réussissait pas,
on devrait la renouveler.

Les fourmis font du mal aux arbres, soit en éta-
blissant leurs magasins sous les racines, soit en
s'attaquant aux extrémités des jeunes rameaux.
Les moyens employés contre elles sont : des cordes
de crin ou de paille ou de laine pour les empêcher
de monter aux arbres ; l'eau miellée dans les fioles
comme pour les guêpes ; les grosses fourmis de

bois que l'on va chercher dans la forêt et que l'on
verse sur les fourmilières de jardins, et enfin l'huile
empyreumatique animale provenant de la distillation des os en vases clos. Ce dernier moyen nous
a parfaitement réussi. S'il ne détruit pas un grand
nombre de fourmis, toujours est-il qu'il les éloigne
promptement, et c'est quelque chose.

La larve (fig. 89) du hanneton (fig. 90) fait
beaucoup de tort aux racines ; malheureusement,
il est difficile de soupçonner sa présence. On recommande la culture des laitues et des fraisiers
dans le voisinage des arbres fruitiers. Ces larves
en sont avides, et dès que certains pieds de sa-
lade ou de fraisier se fanent, on a la ressource de
les enlever avec la larve.

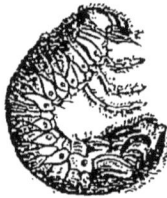 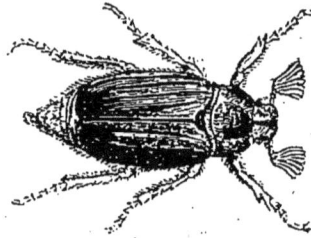

Fig. 89.   Fig. 90.

Les tigres et les kermès (fig. 91 et 92) sont re-
doutés des arboriculteurs. M. Lachaume conseille
de prendre quinze litres d'eau, d'y éteindre deux
kilogrammes de chaux vive, d'ajouter cinq cents
grammes de savon noir, cinq litres d'urine, de
bien mélanger le tout et d'enduire avec ce mélange
les branches et rameaux attaqués, avant que la
végétation commence.

Les limaces et les escargots sont à craindre. On

les combat avec de la chaux vive et du sel de cuisine. Nous croyons que l'on ferait mieux d'entourer les arbres attaqués d'une petite redoute de sciure de bois. On ne sait pas assez qu'en Suisse, on élève des escargots dans certaines prairies, sans prendre d'autres précautions que d'entourer le parc d'un barrage fait avec cette sciure de bois.

Il reste encore d'autres insectes signalés à la vigilance des arboriculteurs, mais nous croyons devoir nous abstenir d'en parler, parce qu'on donne aux uns une importance qu'ils n'ont pas et que l'on indique pour les autres des moyens de destruction d'un emploi difficile et le plus souvent inefficace.

Fig. 91.

Fig. 92.

XVI

DES VARIÉTÉS DE CHOIX DANS LES GENRES POIRIER ET POMMIER.

Une classification bien nette, bien marquée, facile à saisir et à retenir, serait à désirer pour tous les fruits. Elle n'existe pas encore et n'existera vraisemblablement pas de sitôt. Beaucoup y ont songé, et, entre autres, M. de Jonghe, de Bruxelles, qui admet, pour les poires, huit formes très-caractéristiques. Les autres formes ne lui semblent qu'intermédiaires et peuvent se rattacher aux huit types. Il convient d'ajouter que diverses variétés changent de figure suivant le terrain ou la situation que l'arbre occupe.

Les huit formes indiquées par M. de Jonghe, sont les suivantes :

1º *le Bezy*. — Modèle : Bezy de Chaumontel, (fig. 93).

5º *le Colmar*. — Modèle : Passe-colmar d'Hardenpont, (fig. 94).

3° *la Bergamotte.* — Modèles : Bergamottes de

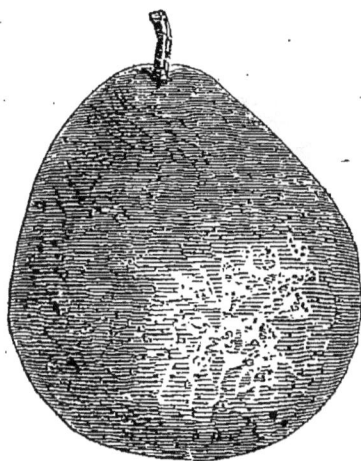
Fig. 93.

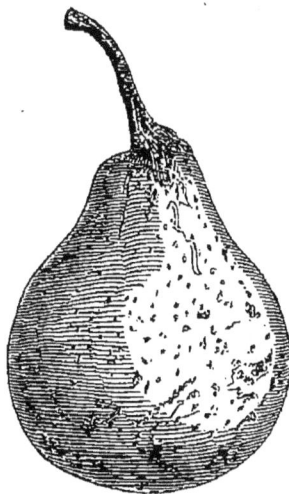
Fig. 94.

la Pentecôte, d'Esperen et bergamotte de Stap-
paerts (fig. 95, 96 et 97).

Fig. 95.

Fig. 96.

13

4° *le Doyenné*. — Modèle : Doyenné d'hiver (fig. 98).

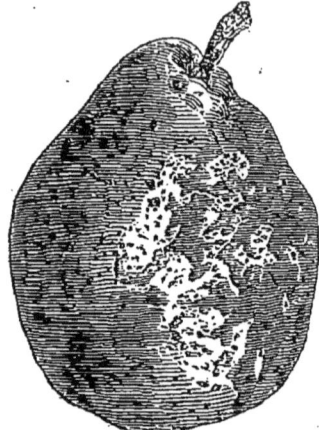

Fig. 97.   Fig. 98.

5° *la Calebasse*. — Modèle · Calebasse d'hiver (Esperen) (fig. 99).

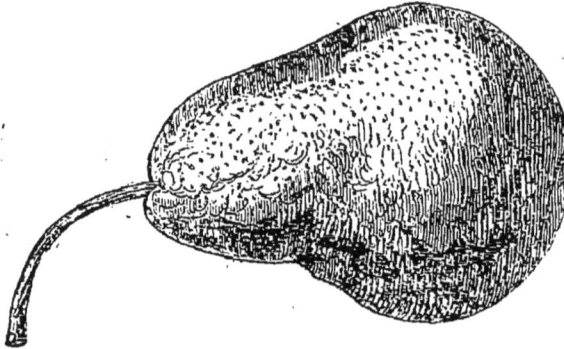

Fig. 99.

6° *le Bon chrétien*. — Modèle : Bon chrétien de Rance (Hardenpont) (fig. 100).

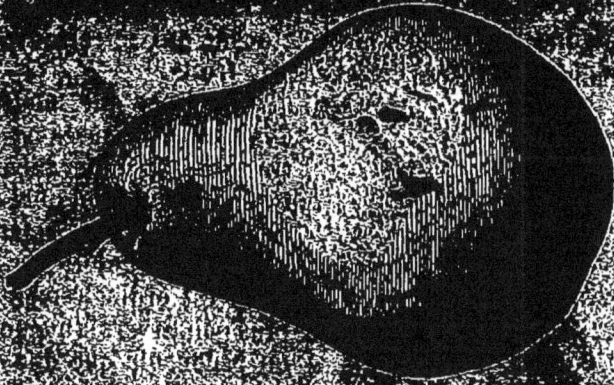

Fig. 100

le Rousselet. — Modèles : Rousselet, Bivort et sur Robert Diel (fig. 101 et 102).

89. le Saint-Germain. — Modèle : Saint-Germain (fig. 103).

Le beurré ne constitue pas une forme, mais une qualité, un caractère d'onctuosité qui se retrouve dans les diverses catégories de fruits.

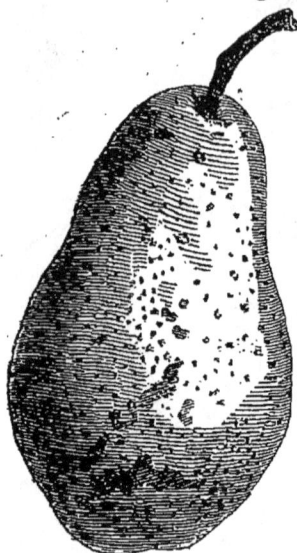

Fig. 105.

Les types que nous donnons ici, d'après nature, mais réduits, bien entendu, appellent quelques observations. Ainsi nous dirons que le S-Germain est ordinairement plus pointu vers la queue ou pédoncule que dans notre modèle. Nous ajouterons que, chez nous, le Bezy de Chaumontel est un peu plus allongé qu'ici. Quant au sir Robert Trail, il n'a du Rousselet que la forme, non la saveur.

On peut rattacher les formes des autres fruits aux types qui précèdent. Ainsi, par exemple, il est facile de reconnaître que le triomphe de Jodoigne est une forme intermédiaire entre le bon chrétien, le colmar et la calebasse (fig. 104).

Nous voudrions que ce mode de classification prévalût et qu'au lieu de descriptions qui ne nous apprennent rien, on nous dît tout simplement, à propos de telle ou telle poire : — forme de bergamotte ou de doyenné ou de calebasse; — ou bien forme tenant de tel ou tel type. Nous aurions de suite une idée du fruit; malheureusement, ce qui nous paraît possible avec les poires, devient embarrassant avec les pommes.

M. de Jonghe nous a parlé d'une classification
en reinettes et en pepins : reinettes pour celles
dont les pepins sont aplatis, pepins pour celles dont
les pepins sont arrondis.
Cette division ne satisfe-
rait personne. Il serait
plus facile de classer les
pommes d'après leur sa-
veur que d'après leurs
formes ; mais, comment
s'y prendre pour rendre
cette saveur et ses nuances
avec des mots ? Nous y
renonçons. Nous n'appré-
cions bien les caractères
des pommes qu'à table,
non ailleurs. Malgré leurs
nuances de saveur et leurs
noms bizarres, nous dis-
tinguons les reinettes (fig.
103) à un cachet particu-

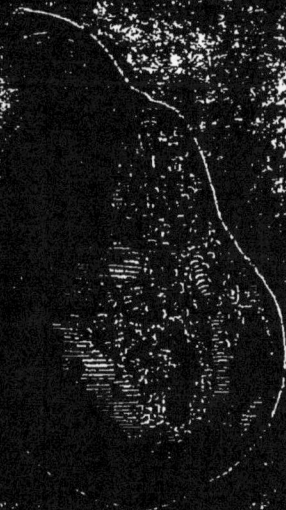

Fig. 104.

lier. Pepins d'or, court-pendus (fig. 106), pommes
de Finlande ou de l'islande sont pour nous des rei-

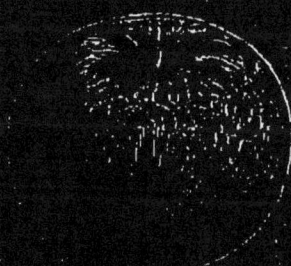

Fig. 105.

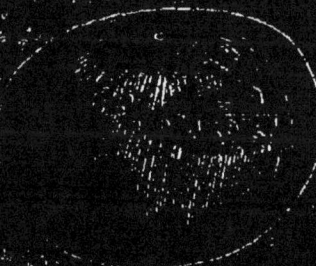

Fig. 106.

nettes. Les pommes fraise, neige, framboise sont
pour nous des calvilles (fig. 107) : les belles fleurs

pommes de bon pommier, pommes de Sévigné, etc.,
constituent une catégorie particulière; les rambours,
aussi, les apis également.

FIG. 107.

Les pepins, les formes et les couleurs ne sauraient nous servir de base, en pareille matière.
La saveur propre à chaque variété, la rareté
ou l'abondance de l'eau, le plus ou moins de consistance et de finesse de la chair, peuvent seules
nous guider, mais, encore une fois, nous n'avons
pas de mots pour traduire assez clairement les dé-
cisions de notre palais.

Nous nous bornerons donc, pour terminer ce
chapitre, à indiquer les principales variétés de
choix en poires et en pommes, parce qu'il n'en
coûte pas plus de produire d'excellents fruits que
d'en produire de médiocres ou de détestables, et
que si ces derniers dominent dans nos vergers des
campagnes, c'est que les cultivateurs n'en connais-
saient pas d'autres.

POIRES DE CHOIX. — Parmi celles qui mûrissent
de juillet au commencement de septembre, nous

avons le citron des Carmes, le beurré Giffart, le rousselet de Reims et monseigneur des Hons, nouveauté que l'on pourra se procurer cette année dans les pépinières des frères Baltet, à Troyes.

Parmi celles qui mûrissent en septembre et en octobre, nous citerons la bergamotte d'été, le Williams, le doyenné Boussoch, le beurré d'Amanlis, le beurré d'Angleterre ou poire d'amande, le beurré Goubault, la bonne d'Ézée, le Ferdinand de Meester, le beurré superfin, la jalousie de Fontenay, le doyenné blanc, le beurré Hardy, le beurré Dumortier, le seigneur (d'Esperen), le Frédéric de Wurtemberg, Théodore van Mons, le beurré Bosc, la poire de Tongres ou poire Durondeau, le beurré Picquery ou urbaniste, le beurré gris, le doyenné crotté, le beurré Capiaumont et la poire des deux Sœurs.

Parmi celles qui mûrissent en novembre, nous recommandons la duchesse d'Angoulème, le messire-jean, le nouveau Poiteau, le soldat laboureur, le doyenné du comice et la bergamotte Crassane.

Parmi les bonnes poires mûrissant en décembre, nous remarquons le nec plus Meuris, le beurré Six, le beurré Diel, le triomphe de Jodoigne et Zéphirin Grégoire.

De janvier à février, nous avons le passe-colmar.

De janvier à mars, le beurré d'Hardenpont, le Saint-Germain et le doyenné d'hiver.

De février à mars, le bezy de Chaumontel et la Josephine de Malines.

De février en avril, le bon chrétien de Rance, la Suzette de Bavay, le prince Albert et la bergamotte d'Esperen.

De mars à mai, le beurré Bretonneau.

Nous compléterons cette liste de poires de table,
en signalant comme poires à cuire le Martin-sec,
le bon chrétien d'Espagne, le bon chrétien d'hiver
et le catillac. On nous avait recommandé, pour cet
usage, la poire de Chaudfontaine. Elle est fort
belle, sans doute, mais de qualité très-inférieure
chez nous.

Pommes de choix. — Les pommes neige, fraise,
framboise ou calville rayé d'automne, et les rambours ont le mérite de la précocité. Les pommes de
qualité sont les calville blancs, les reinettes franche,
dorée, d'Angleterre, du Canada, de Hollande, de
Caux, la reinette grise, les pepins d'or, les court-
pendus, les fenouillet et les apis, quoiqu'on en dise.
Les pommes de Frislande, de bon pommier, et la
belle fleur ont des qualités également très-recom-
mandables.

XVII

DES VARIÉTÉS DE CHOIX DANS LES GENRES PÊCHER,
ABRICOTIER, PRUNIER, CERISIER ET VIGNE.

PÊCHES. M. Dubreuil divise les pêches en quatre groupes :

1° *Pêches proprement dites*, à peau duveteuse, chair fondante et noyau s'en détachant facilement ;

2° *Pavies*, à peau duveteuse et chair ferme adhérente au noyau ;

3° *Pêches lisses*, dont la chair fondante quitte bien le noyau ;

4° *Brugnons*, dont la peau est lisse, la chair ferme et adhérente au noyau.

Les Anglais appellent *nectarines* les pêches lisses et les brugnons. Les *pêches proprement dites* sont : l'avant-pêche rouge ou avant-pêche de Troyes, la chevreuse hâtive, la chevreuse tardive ou bonnouvrier, la chancelière, la madeleine blanche, la madeleine rouge de Courson, la madeleine à moyenne fleur ou madeleine rouge tardive de M. de Bavay, la pourprée hâtive vineuse, la grosse mignonne tardive, la pêche de Malte ou belle de Paris, la bourdine de Narbonne ou grosse royale, le teton de Vénus et la pêche à fleurs doubles.

Les *pavies* sont : la petite mignonne ou double de Troyes, le pavie alberge ou persèque d'Angoumois, ou pavie jaune, ou persèque jaune; le pavie persèque, ou gros persèque, ou persèque allongé; le pavie rouge de Pomponne ou pavie monstrueux, ou gros persèque rouge, ou gros mirlicoton, ou pavie camus; la galande, ou Bellegarde, ou noire de Montreuil, l'admirable jaune ou abricotée, ou grosse jaune de Buret, ou pêche abricot et pêche d'orange; l'admirable tardive ou belle de Vitry; la pêche Lepère, etc.

Les *pêches lisses*, à chair fondante et quittant le noyau, sont : la pêche cerise; la pêche lisse grosse violette hâtive ou violette de Courson.

Les *brugnons* sont : le brugnon musqué ou brugnon violet, et le brugnon jaune lisse.

Nous préférons de beaucoup à cette classification celle de de Candolle que voici :

Le savant botaniste divise les pêchers en deux espèces distinctes :

1° Le *pêcher commun à fruit duveté.*

2° Le *pêcher à fruit lisse.* Puis il subdivise le pêcher commun à fruit duveté en deux sections. Dans la première, il place les pêches fondantes, dont la chair se détache du noyau, comme les madeleines et les chevreuses; dans la seconde, il place les pêches duveteuses à chair ferme et adhérente au noyau, comme les pavies, les alberges et les persèques. Il forme également deux sections avec le pêcher à fruit lisse. Dans l'une, il place les pêches à chair adhérente au noyau, que l'on nomme *pêches violettes;* dans l'autre, il place les pêches dont la chair se détache du noyau et qui portent le nom de *brugnons*.

Tout dernièrement, un pomologue en réputation, M. Charles Baltet, pépiniériste à Troyes (Aube), nous annonçait un travail d'observation sur les pêches, et nous faisait espérer une nouvelle classification d'après les noyaux.

Disons un mot à présent de l'ordre dans lequel les pêches mûrissent. La plus précoce de toutes, mais de qualité très-inférieure, est l'avant-pêche blanche. Puis viennent, un mois plus tard, l'avant-pêche rouge, la mignonne grosse hâtive, la pourprée hâtive; puis encore une quinzaine après celles-là, la chevreuse hâtive, la galande, la madeleine de Courson, la grosse ordinaire et la reine des vergers. En dernier lieu, arrivent la belle de Vitry, la bourdine ou royale, la chevreuse bonnouvrier, la grosse violette lisse, la pêche de Malte, l'admirable jaune, la chancelière et le teton de Vénus qui ne mûrit pas toujours, même sous le climat de Paris.

Parmi ces variétés, la reine des vergers, les deux mignonnes, la madeleine de Courson, la chevreuse bonnouvrier et la galande sont les plus productives. Les plus grosses sont la bourdine et la chancelière. Les meilleures sont, à notre avis, la chancelière, la pourprée hâtive, la grosse mignonne, la bourdine et la belle de Vitry.

ABRICOTS. Nous avons l'abricot commun, l'abricot-pêche, l'abricot précoce d'Esperen, l'abricot de Portugal, l'abricot royal, le comice de Toulon et l'albergier de Tours. Celui de Portugal est petit; le précoce est de moyenne grosseur; les autres sont gros et ordinairement préférés. Cependant, nous devons faire nos réserves quant au comice de Tou-

lon qui est nouveau, peu répandu encore, et que,
pour notre compte, nous ne connaissons qu'en
peinture.

.PRUNES. Les variétés de prunes cultivées dé-
passent la cinquantaine et ont été, de la part de
M. Seringe, l'objet d'une classification qui ne saurait nous
rendre aucun service dans la
circonstance.

Les meilleures, entre toutes,
pour la table, sont : les reine-
Claude ordinaire (fig. 108),
verte, dorée, violette, la prune
de Montfort violette, le coëtgol-
den-drop, la Jefferson, la diaprée
rouge ou roche Corbon, la diaprée blanche, l'impératrice ou diadème, la mirabelle double, la petite
mirabelle ou mirabelle blanche et les divers perdrigons.

Fig. 108.

La reine Victoria, la prune
de monsieur violette, la Fellem-
berg violette et les questchs (fig.
109) en général sont des fruits
de seconde qualité.

L'impératrice violette, la prune
d'Agen rouge, la royale de Tours
et la Sainte-Catherine sont excellentes pour pruneaux.

Fig. 109.

CERISES. On divise les cerises
en trois groupes :
1° Les *bigarreaux;*
2° Les *guignes;*
3° Les *griottes.*
Parmi les *bigarreaux*, qui sont de grosses cerises
en forme de cœur ou ovales et dont la chair ferme

tient fort au noyau, nous remarquons : le petit
bigarreau hâtif, le bigarreau rouge hâtif, le cœur
de pigeon, le gros bigarreau couleur de chair, le
bigarreau noir de Normandie et le bigarreau de
quatre à la livre.

Parmi les *guignes*, qui se distinguent à leur chair
tendre, douce, aqueuse, tenant aussi au noyau,
nous remarquons : la guigne précoce, la guigne de
la Pentecôte, la guigne rouge, la guigne blanche
tardive, la grosse guigne blanche, la grosse guigne
noire et la guigne cœur de poule.

Parmi les *griottes* ou *cerises proprement dites*,
qui se distinguent par leurs fruits arrondis, leur
queue presque toujours courte, leur chair molle,
non adhérente à la peau, leurs noyaux ronds et
leur saveur plus ou moins acidule et le peu de développement des arbres qui les portent, nous remarquons : la cerise de Montmorency, la grosse
rouge pâle, le guindoux de Paris, la cerise à gros
fruit pâle, la cerise de Hollande, la royale hâtive
d'Angleterre, la belle de Choisy, la cerise à fruit
blanc, la cerise de Kent, la cerise du Nord, pour
conserves, la cerise de Prusse, la cerise de Portugal
et la griotte commune.

Raisins. Nous n'avons à nous occuper ici que des
raisins de table. Les plus recherchés sont : le chasselas musqué, le Frankental, le malvoisie rouge, le
muscat noir du Jura, l'olivette noire de la Drôme,
l'œillade blanche de la Drôme, le picardan blanc
de Vaucluse, etc., etc.

La société de pomologie Van Mons, dans sa
publication de mars 1859, recommande pour la
Belgique, à raison de leur précocité et de leurs
qualités, un grand nombre de raisins, partagés en
trois séries. La première de ces séries comprend

11

des raisins blancs analogues aux chasselas. Ce sont,
entre autres, le chasselas duc de Malakoff, dont les
belles grappes à très-gros grains ronds et dorés
mûrissent à Angers vers le 25 août; — le mame-
lon, à grappes énormes, à gros grains ronds et
mûrissant à Angers vers la fin d'août. — Le chasselas Vibert, mûrissant à Namur du 15 au 25 août;
— le chasselas Sageret, mûrissant à Angers, vers
la fin d'août; — le vert de Madère ou Madeleine
vert de la Dorée, qui mûrit à Fleurus vers la fin
d'août; — le gros Coulard qui, chaque année, mûrit en Belgique, au mois de septembre; — et
l'amandon blanc, très-hâtif.

La seconde série comprend des raisins rouges.
Les précoces sont : — le précoce de Gênes Yschia,
qui mûrit à Namur du 10 au 20 août; — le Dolutz
noir, qui mûrit en même temps que le précédent;
— le zante noir; — l'ulliade ou ouillade bleue, qui
mûrit à Namur vers la fin de septembre, dans les
années pluvieuses, et vers le 10 septembre dans
les années très-favorables, comme celles de 1857
et de 1858.

La troisième série comprend les raisins mus-
cats. Les plus précoces sont : — le muscat de
juillet, qui mûrit à Angers vers la fin de juillet;
et le muscat de Lierval, qui mûrit sur la Loire du
10 au 15 août.

La quatrième série comprend des raisins de
diverses couleurs, ne rentrant point dans les séries
précédentes. Ce sont : le maréchal Bosquet, dont
les très-belles grappes, à grains gros, ronds et
blancs, sont mûres à Angers vers la fin d'août; —
le Némorin, dont les grappes moyennes, à grains
gros, ronds et blancs, mûrissent à la même époque
que le précédent; — la Madeleine royale, dont les

grappes grosses, à grains blancs, un peu ovales,
mûrissent sur la Loire vers le 10 août; — et le
Saint Valentin rose, qui est presque aussi hâtif que
le précoce de Gênes.

XVIII

ARBRES, ARBRISSEAUX OU ARBUSTES DE MOINDRE IMPORTANCE, MAIS D'UNE UTILITÉ RECONNUE.

Dans ce chapitre, nous dirons quelques mots du
cognassier, du néflier, du sorbier domestique, du
noyer, du vinettier, du noisetier, du groseillier et
du framboisier

COGNASSIER. En Belgique, on fait moins de cas
du cognassier qu'en France, bien qu'il y réussisse
parfaitement, même sous les climats rudes. Cependant, il nous semble que la gelée, la pâte et
l'eau de coings sont d'une délicatesse rare et appréciée partout, et qu'en raison de leurs usages, on ne
devrait nulle part négliger la production des coings.

On cultive beaucoup le cognassier dans les pépinières, afin d'en faire des sujets pour les greffes;
nous ne le cultivons, nous autres, que pour son

fruit. On en compte trois variétés : 1° celle qui
donne des fruits en forme de poires ; 2° celle qui
donne des fruits ronds ; 3° le cognassier de Portugal, qui donne les plus beaux et les meilleurs
fruits, et auquel, par conséquent, il convient d'ac-
corder la préférence.

Fig. 110.

Le cognassier demande un terrain riche et assez
frais. Dans les terres maigres et sèches, il ne produit que des fruits petits. Il ne souffre point la
taille ; il ne prospère qu'à la condition de jouir
d'une complète liberté.

Rien n'est plus facile que de multiplier le cognassier. On y réussit en semant les pepins, ou, lorsqu'on veut aller plus vite, en le bouturant ou le
marcottant.

A l'automne, vous remuerez la terre autour du
pied et fumerez avec du fumier de vache et des
cendres de bois ; au printemps, surtout dans les

terrains secs, vous paillerez avec de la litière se-
couée et sur une épaisseur de 7 à 8 centimètres,
afin d'entretenir la fraîcheur pendant les sécheresses. Au besoin, vous arroserez.

Les fruits mûriront en octobre. Dès qu'ils seront
bien jaunes, vous les cuillerez, toujours par un
temps sec, et les laisserez au soleil pendant quelques
heures avant de les rentrer. Ils ne se conserveront
guère plus de cinq ou six semaines.

Quand l'arbre sera vieux et ne produira plus
convenablement, vous le recèperez, autrement dit,
vous le couperez au-dessus du collet, et il repous-
sera de sa souche de nombreux rejets. Vous les
butterez, et, au bout de dix-huit mois environ,
alors qu'ils auront émis des racines assez fortes,
vous détacherez les sujets les plus beaux pour renouveler votre plant.

NÉFLIER. Nous connaissons : 1° le néflier à fruit
sans pepins, dont le produit est petit et de médiocre qualité; 2° le néflier à fruit précoce et de
grosseur moyenne; 3° le néflier à fruit allongé,
ovale, de grosseur moyenne; 4° enfin, le néflier à
gros fruit rond, le meilleur et le plus cultivé.

Quelques arboriculteurs assurent que le néflier
s'accommode de toutes les expositions et de tous
les terrains, pourvu qu'ils ne soient pas trop ma-
récageux. C'est une erreur que nous avons reconnue à nos dépens. Il souffre en sol maigre et
sec, à l'exposition du midi. Le néflier, surtout
quand on l'a greffé sur cognassier, recherche les
terrains frais, l'exposition du nord et le voisinage
de l'eau. Quand on l'a greffé sur aubépine, il recherche moins la fraîcheur, mais encore, convient-
il, dans ce cas particulier, d'ombrager sa tige en la
rapprochant d'une haie ou d'un mur.

11.

Vous multiplierez le néflier, soit avec ses graines qui, ordinairement, ne lèvent qu'au bout de deux ans ; soit en le greffant en fente ou en écusson sur aubépine, le néflier sauvage, le coguassier et le poirier. Vous prendrez vos greffes vers les sommités de l'arbre, non à la base, afin de les avoir plus vigoureuses.

Vous labourerez le pied des néfliers au printemps et à l'automne. Vous fumerez en terrain sec avec du fumier de vache, et partout ailleurs avec des cendres de bois.

Vous ne taillerez point les néfliers.

« Le néflier, écrit de la Bretonnerie, est quelquefois attaqué des vers; alors, on arrose le tronc avec du vinaigre, ou bien on découvre les racines, et l'on y répand de la cendre. »

Les nèfles seront bonnes à cueillir dans le courant d'octobre. Toutefois, il vaut mieux les cueillir à la fin du mois qu'au commencement. Elles ne craignent pas les gelées. Vous les mettrez en lieu sec sur de la paille, où elles blettiront assez vite. On ne les mange qu'à l'état blet, alors qu'elles ont acquis une saveur aigrelette et vineuse.

SORBIER DOMESTIQUE.—Les fruits du sorbier sont, à l'état blet, bien préférables à ceux du néflier. Pourquoi le cultive-t-on si rarement? Vraisemblablement, parce qu'il croît lentement et qu'il est long à fructifier. Le sorbier domestique comprend cinq variétés; la meilleure à cultiver est le sorbier à gros fruit rouge.

Le sorbier se plaît dans les terrains frais ou sous les climats humides. Il ne demande ni taille, ni soins d'aucune sorte, pas plus que les chênes ou les hêtres.

Vous cueillerez les fruits à l'automne et les

mettrez sur de la paille, en lieu sec. Au moment de
la cueillette, ils sont d'une âpreté telle que personne ne pourrait y mordre. Il faut leur donner le
temps de fermenter, de brunir, de se ramollir.

NOYER. — Le noyer a l'inconvénient d'occuper
beaucoup de place et de jeter beaucoup d'ombre.
On ne doit donc, à cause de cela, l'introduire que
dans les vergers très-spacieux.

Il existe un grand nombre de variétés de noyers.
La meilleure, à notre avis, est celle à coque tendre
et allongée. Elle n'est pas la plus productive, mais
elle est la plus présentable. Les noyers à fruits
petits, très-nombreux et à coques très-dures ne
conviennent qu'à ceux qui tiennent plus au beau
bois qu'aux bonnes noix.

Cet arbre ne redoute que les terrains trop humides; les expositions qui lui conviennent le mieux
sont le levant et le nord. Il aime mieux le fond des
vallons, les gorges de montagnes ou le pied des
coteaux que les hauteurs.

Vous multiplierez le noyer en plantant les noix
de la dernière récolte à l'automne. Celles d'un an
ne valent rien; plus elles sont nouvelles, mieux
elles lèvent. Si vous voulez planter au printemps,
vous conserverez les noix dans du sable ou de la
terre en hiver.

Vous transplanterez vos jeunes noyers avant de
les mettre à demeure. De cette manière, ils se développeront mieux, produiront mieux et plus promptement. On recommande de ne faire la première
transplantation qu'au bout de trois ans, et la seconde, à demeure, trois ans plus tard. Cependant,
il nous est arrivé de transplanter la première fois
au bout d'un an, et la seconde lorsque l'arbre n'avait
que trois ans.

On recommande encore de ne jamais tailler les jeunes noyers. La recommandation est bonne, mais il convient de surveiller les plants et de pincer pour les empêcher de pousser deux tiges. En cas de négligence, on devrait nécessairement amputer l'une des deux et exposer à la pourriture les arbres amputés.

Vous labourerez de temps à autre au pied des noyers et ne les fumerez qu'avec des cendres de bois ou avec un mélange de cendres et de fumier de vache très-décomposé.

Vous commencerez à récolter, mais en très-petite quantité, quand les arbres auront de 8 à 10 ans.

Au commencement de juillet, vous pourrez tirer parti des petites noix vertes pour la préparation du broù ou ratafia de noix. Dans le courant d'août, vous mangerez les noix vertes en cerneaux; dans le courant de septembre ou au commencement d'octobre, quand les coques s'ouvriront, vous abattrez les noix à coups de gaule.

D'ordinaire, on les écale au bout de quelques jours et on les étend dans des greniers bien aérés. C'est le moyen de les faire rancir vite et d'altérer leurs qualités. Pour les maintenir longtemps fraîches, vous ferez bien de les enterrer avec la coque, en prenant, bien entendu, toutes les précautions nécessaires contre la voracité des souris et des campagnols.

VINETTIER OU ÉPINE-VINETTE. — Nous connaissons le vinettier ordinaire et le vinettier à gros fruit rouge sans pepins. On les cultive pour leurs fruits avec lesquels on prépare une confiture délicieuse.

Le vinettier croît spontanément, c'est-à-dire naturellement, à l'état sauvage, dans les montagnes calcaires et arides de diverses contrées. Sous ce rapport, les coteaux pierreux de la Côte-d'Or (France) sont favorisés, et un village de ce département, Chanceaux, s'est fait une réputation méritée avec l'industrie des confitures d'épine-vinette.

Si le vinettier recherche les terrains calcaires et pierreux, il n'en est pas moins vrai qu'il s'accommode très-bien aussi des autres terrains. Rien assurément ne ressemble moins à la Côte-d'Or que l'Ardenne belge, et cependant nous avons ici des vinettiers de toute beauté et d'un bon rapport.

Vous pouvez multiplier le vinettier avec ses graines, très-lentes à lever, disons-le en passant, avec le bouturage, le marcottage, les rejetons enracinés et les éclats de ses souches. Ce dernier procédé est le plus facile, le plus rapide et le plus pratiqué. A l'automne, vous diviserez vos souches de vinettiers, comme vous divisez vos racines d'oseille, et vous aurez du plant à discrétion,

On ne taille le vinettier que pour en faire des haies qui ne rapportent pas de fruits. Vous ne taillerez donc pas les vinettiers destinés à vous donner des grappes.

Vers la fin d'octobre, après les premières gelées blanches, vous récolterez l'épine-vinette, et l'emploierez le plus tôt possible, bien qu'on puisse la conserver assez longtemps.

Noisetier. — Nous cultivons : 1° le noisetier franc à amande blanche, dont le fruit long et à coque tendre est très-précoce ; 2° le noisetier à fruits rouges et allongés ; 3° l'aveline de Provence, dont l'amande est blanche, le fruit rond et la coque très-dure ; 4° le noisetier à feuilles pourprées, dont le fruit est long et excellent ; et d'autres espèces et variétés qu'il ne nous paraît pas nécessaire d'ajouter à cette nomenclature.

Tous les terrains et toutes les expositions conviennent au noisetier, cependant il recherche le levant et le couchant, ainsi que les terres légères, sablonneuses et un peu fraîches ; mais il est rare que l'on consulte ses tendances. On lui destine presque toujours les coins inoccupés.

Le noisetier se prête surtout à la taille en buisson ; mais on peut lui donner la forme d'un arbre et l'élever à haute tige.

Vous pourrez reproduire le noisetier en plantant son fruit à l'automne ou mieux au printemps, après avoir eu l'attention de conserver les noisettes en hiver dans du sable frais ou de la terre fine, sans quoi leurs facultés germinatives s'affaibliraient. Il est rare toutefois, notez-le bien, que les noisetiers provenant de noisettes plantées, conservent rigoureusement les caractères du type ; aussi convient-il, pour empêcher la dégénérescence, de greffer les noisetiers francs de pied.

GROSEILLIER. — Nous avons 1° le groseillier sans épines ou à grappes, qui comprend sept ou huit variétés ; 2° le groseillier noir ou cassis ; 3° le groseillier épineux à maquereau qui compte plus de 300 variétés.

Les variétés les plus estimées, parmi les groseilliers à grappes, sont : 1° le groseillier à gros fruits rouges ; 2° le groseillier à fruits couleur de chair ; 3° le groseillier perlé, à fruits blancs et délicats ; 4° le groseillier à gros fruits blancs d'Angleterre.

Les variétés les plus estimées, parmi les groseilles épineuses ou à maquereau, sont : la jaune hâtive, la grosse verte ronde hérissée, la groseille hérissée couleur de chair, la calebasse cou-

leur de chair, la grosse ambrée lisse, la grosse
olive, la grosse verte longue, la groseille longue
hérissée couleur de chair, la rouge commune lisse,
la très-grosse ronde lisse, la grosse violette lisse
d'Angleterre et la couleur de chair longue lisse.

Les groseilliers sont très-accommodants quant
au sol et à l'exposition ; néanmoins, les expositions
un peu ombragées, les terres douces, sablonneuses, un peu fraîches, paraissent leur convenir tout
particulièrement. Les fruits y deviennent plus gros
et moins acides qu'autre part.

Les groseilliers sont dociles sous la main du
jardinier. Ceux à grappes peuvent être conduits en
boules, en quenouilles et en éventail. Ceux à maquereau se soumettent également très-bien aux formes de l'éventail et produisent beaucoup sous la
forme de vase ou de gobelet.

Vous taillerez donc les uns et les autres à votre
fantaisie. Vous aurez soin aussi d'ôter le vieux
bois, et vous ferez bien de renouveler vos plants
tous les cinq ou six ans, car les vieux pieds se chargent de mousse et ne portent que des fruits médiocres.

Vous renouvelerez vos groseilliers par le recé-
page, par l'éclat des souches, par les drageons
enracinés que vous enleverez du pied mère, par
le marcottage et le bouturage. Ce dernier mode de
multiplication est très-suivi. Il consiste à prendre,
à la sortie de l'hiver, des rameaux d'un an, de la
longueur de 50 à 40 centimètres, à les enfoncer à
15 centimètres dans une terre profondément bêchée
et bien fumée avec du vieux fumier de vache et à
fouler la terre autour des boutures, afin de maintenir la fraîcheur au pied et de favoriser l'émission
des racines. Dans le courant de mai, on devra

remuer légèrement cette surface tassée avec la ser-fouette, et arroser de temps en temps dans les jours de sécheresse.

Les groseilles mûriront dans le courant de juillet; mais, pour peu que vous teniez à conserver celles à grappes jusqu'à l'approche des gelées, ce sera chose facile. Il vous suffira d'empailler quelques pieds au moment où les fruits commenceront à mûrir.

FRAMBOISIER.—Le framboisier cultivé descend en ligne droite du framboisier sauvage, dont les fruits sont petits, mais délicieux et que nous rencontrons en abondance dans les terrains granitiques et schisteux. Sous ce rapport, l'Ardenne belge est un des pays les plus favorisés.

Les variétés obtenues par le semis et la culture, sont : 1° le framboisier rouge à gros fruits; 2° le framboisier à fruits blancs; 3° le framboisier à fruits jaunâtres; 4° le framboisier couleur de chair, provenant des semis de M. Noisette; 5° le framboisier remontant à fruits rouges; 6° le framboisier remontant à fruits jaunâtres. Ces framboisiers remontants donnent plusieurs récoltes, et ont, en ceci, un avantage marqué sur les autres variétés.

· Vous cultiverez le framboisier dans une terre légère autant que possible, bien qu'il réussisse à peu près partout, à l'exposition du nord et à l'ombre. Vous le cultiverez soit en lignes isolées avec des pieux à chaque extrémité et des perches en travers pour y fixer les tiges, soit à la manière anglaise qui consiste à tracer des lignes distancées de 2 mètres 1/2 et à planter les framboisiers sur ces lignes, à un mètre de distance les uns des autres, pour les élever et les lier en touffes.

Chaque année, après la récolte, vous supprimerez les tiges qui auront porté fruit, puisqu'il n'y a plus rien à en attendre, et vous palisserez ou soutiendrez les tiges de l'année qui fructifieront l'été suivant. Au printemps, vous taillerez ces jeunes tiges aux deux tiers de leur longueur, autrement dit vous en supprimerez le tiers, puis, vous labourerez légèrement autour de chaque souche et y répandrez un peu de cendres de bois à titre d'engrais.

Comme les framboisiers tracent beaucoup et fatiguent beaucoup le terrain, vous devrez les changer de place au bout de cinq ou six ans. Il est vrai qu'en les fumant avec du fumier d'écurie ou d'étable, il serait facile de les maintenir plus longtemps à la même place sans qu'ils dégénérassent, mais les fruits perdraient de leur parfum.

Pour multiplier le framboisier, vous enleverez des rejetons ou vous éclaterez les souches pour transplanter en février ou au commencement de mars.

XIX

DE LA CUEILLETTE DES FRUITS, DE LEUR CONSERVATION
ET DE LEUR EMBALLAGE.

— Saisissez, nous dit-on, le bon moment pour
cueillir les fruits. — Soit, mais pour le saisir, il
faut le connaître, ce bon moment. Or, sur ce point,
la pratique en apprend plus que la théorie.

Pour les fruits d'été, abricots, pêches, cerises
et poires précoces, comme la madeleine ou citron
des carmes, par exemple, il n'y a pas à se mettre
en peine. Le changement de couleur nous prévient;
ils mûrissent sur l'arbre; nous les touchons délicatement, et si la chair cède sous le pouce, nous
n'hésitons pas à les détacher. Dans le cas où nous
voudrions les conserver quelques jours, nous les
prendrions fermes et n'attendrions point que la
chair cédât.

Pour les fruits de garde, c'est une autre affaire,
et les plus habiles ne sauraient répondre de tomber
juste au bon moment. M. Hardy a voulu poser une
règle invariable et nous a dit de ne toucher aux
fruits en question que huit ou dix jours après qu'ils

ont cessé de grossir. De la part d'un arboriculteur de cabinet, nous comprendrions la recommanda- tion; mais, de la part d'un praticien consommé, nous ne la comprenons pas. Et, en effet, il nous parait difficile de se fixer sur l'époque où s'arrête le développement d'un fruit, à moins de le mesurer plusieurs jours de suite avec le ruban métrique, ce qui deviendrait fastidieux.

Si nous cueillons trop tôt, le fruit se ride et n'acquiert pas les qualités propres à sa race; si nous cueillons trop tard, il mûrit avec une rapidité souvent contraire à nos intérêts.

Règle générale, la récolte des fruits d'automne se fait dans le courant de septembre, un peu plus tôt, un peu plus tard, selon que l'année a été plus ou moins favorable. La récolte des fruits d'hiver se fait dans le courant d'octobre, un peu plus tôt, un peu plus tard aussi dans ce mois, selon les influences atmosphériques et les climats. Le plus ordinaire- ment, on choisit le moment où il suffit de relever un peu le fruit pour que la queue ou pédoncule se détache bien de la bourse ou renflement auquel cette queue est attachée.

La récolte aura lieu par un temps sec, après la rosée, de 10 heures du matin jusqu'à 4 heures du soir, par exemple. On saisira les fruits un à un, délicatement, et on les posera doucement dans un panier garni de foin ou de feuilles et peu élevé (fig. 111). Les mannes rondes et élevées ont l'in- convénient de fatiguer les fruits du fond sous la charge des couches supérieures.

Une fois les paniers pleins, on les portera dans une pièce sèche et bien aérée, chambre ou grenier, où l'on placera les fruits, en les sortant un à un de ces paniers. Ils resteront là cinq ou six jours, le temps de se ressuyer un peu, après quoi, on les mettra au fruitier, mais seulement lorsqu'on aura trié et séparé les fruits tachés des fruits sains.

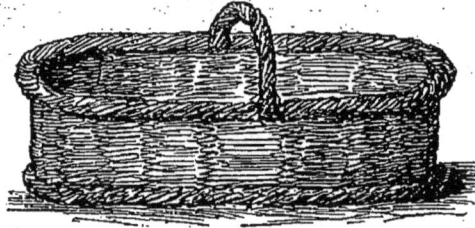

Fig. 111.

Dans le cas où l'on serait forcé de récolter les fruits par la pluie, ce qui, après tout, s'est déjà vu dans les années exceptionnelles, on ferait bien, selon le conseil de M. Hardy, de ne pas les essuyer, de les étendre sur de la paille, dans une chambre sèche, de ne les point trop rapprocher les uns des autres et d'attendre.

Maintenant, qu'est-ce que le fruitier? Pour ceux-ci, c'est le grenier; pour ceux-là, c'est la cave ou le cellier; pour d'autres, c'est une armoire. Il n'y a que les arboriculteurs de profession et les véritables amateurs qui sachent faire la dépense d'un fruitier spécial, qui sachent disposer leurs fruits de manière à les conserver le mieux possible et à en tirer par cela même le meilleur parti possible.

A cet effet, ils choisissent dans la maison une pièce bien sèche, qui ne soit ni chaude ni froide, avec fenêtres à volets pleins et porte fermant bien.

Par les grands froids, ils doublent fenêtres et porte avec des paillassons, pour éviter tout accident. C'est ordinairement dans les caves ou les celliers que l'on établit les fruitiers, et, en ceci, l'on fait bien. Quand on peut les mettre à l'exposition du nord, on fait également bien, car il importe que la température du lieu ne s'élève jamais au-dessus de 10° centigrades. Mieux vaudrait-il encore qu'elle se maintînt constamment entre 5° et 6°. Les fruits se conserveraient plus longtemps et n'auraient que plus de prix au moment de la vente. — S'il nous prenait fantaisie de forcer la maturation, rien ne nous empêcherait d'en placer un certain nombre dans une chambre tiède.

Le fruitier s'accommode mieux d'une clarté faible que du plein jour. Quand on juge à propos de renouveler l'air, on doit le faire par un beau temps et n'entr'ouvrir que les fenêtres et la porte.

On dispose, pour recevoir les fruits, des rayons ou tablettes en bois sec, plutôt dur que tendre. Ces tablettes, larges de 50 centimètres environ, plutôt plus que moins, sont séparées l'une de l'autre par un intervalle de 32 centimètres et légèrement inclinées. En avant des tablettes, se trouve un rebord qui maintient la première rangée de fruits. La seconde, la troisième et les autres rangées sont maintenues par de petites baguettes fixes, sans quoi, les fruits seraient exposés à rouler les uns sur les autres, et il importe que ces fruits ne se touchent pas.

Le fruitier exige de grands soins de propreté, et il est bon qu'il ne soit ni pavé ni planchéié, afin d'éviter les inconvénients de la poussière sèche. Mais quoi que l'on fasse, il se déposera toujours un peu de cette poussière sur les produits à conserver. On se gardera bien d'y toucher.

15.

On devra visiter le fruitier de temps à autre et jeter un coup d'œil sur les fruits pour s'assurer de leur état et ne point laisser à ceux qui se tacheraient le temps de communiquer la pourriture à leurs voisins.

Mathieu de Dombasle a imaginé un fruitier portatif qui mérite de notre part une mention toute particulière. Voici la description de l'appareil par son auteur.

— « On fait construire en planches de sapin ou de peuplier de 18 à 20 millimètres d'épaisseur, des caisses de 8 centimètres seulement de hauteur et de 77 centimètres de longueur, 52 centimètres environ de largeur, le tout pris en dedans ; toutes ces boîtes doivent être de dimensions bien égales, de manière à s'ajuster exactement les unes sur les autres ; elles n'ont point de couvercles, et le fond est fermé de planches de 10 à 12 millimètres d'épaisseur, solidement fixées par des pointes, sur le bord inférieur des planches qui forment les parois des caisses. Au milieu de chacun des quatre côtés de la caisse, on fixe avec des clous, près des bords supérieurs, des morceaux de bois ou tasseaux d'environ 10 centimètres de longueur sur 5 à 6 centimètres de largeur et 12 à 15 millimètres d'épaisseur. Ces morceaux sont appliqués, par une de leurs faces larges, sur les faces extérieures de la caisse et en sorte qu'un de leurs bords, sur toute la longueur du tasseau, dépasse en hauteur de 6 à 8 millimètres le bord supérieur de la caisse. Ces tasseaux ont deux destinations : d'abord, ils facilitent le maniement des caisses en servant de poignées par lesquelles on saisit facilement des deux mains les petits côtés d'une caisse ; ensuite ils servent d'arrêt pour tenir exactement les caisses dans leur position, lorsqu'on les empile les unes sur les autres. A cet effet, ces tasseaux doivent être un peu délardés ou amincis en dedans, dans les parties qui font saillie en hauteur, de manière que la caisse supérieure puisse poser bien exactement sur les bords de la précédente, sans être serrée par le bord des tasseaux.

» On conçoit facilement, d'après cette description, que chaque caisse étant remplie d'un lit de poires, de pommes ou de raisins, etc., elles s'empilent les unes sur les autres, chacune servant de couvercle à la précédente; et la caisse supérieure est seule fermée, soit par une caisse vide, soit par un couvercle en planches de même dimension que les caisses. On peut empiler ainsi quinze caisses et plus, et chaque pile présente l'apparence d'un coffre entièrement inaccessible aux animaux rongeurs et que l'on peut loger dans un local destiné à tout autre usage, dans lequel il n'occupe presque pas d'espace. »

Au dire de Mathieu de Dombasle, et nous n'en doutons pas, les fruits se conservent parfaitement dans ces caisses et en grande quantité, et la visite devient très-facile en enlevant les caisses une à une. Dans le cas où elles ne protégeraient pas suffisamment le contenu contre la gelée, il serait aisé de les envelopper de paillassons ou de couvertures de laine. Enfin, la poussière pénètre moins commodément dans ces caisses que sur les tablettes des fruitiers ordinaires.

On ne conserve le plus habituellement dans les fruitiers que les poires, pommes et parfois des raisins. Les abricots et les pêches ne font qu'y passer quelques jours, quand on prend soin de les cueillir un peu avant leur maturité complète, pour prolonger leur conservation.

Lorsqu'on tient à conserver des cerises sur des arbres nains ou des groseilles à grappes, on n'a pas recours au fruitier. On se contente d'empailler les arbres dès que la maturation des fruits commence, afin de ralentir cette maturation en les soustrayant à l'action de la lumière. Les arbres, ainsi empaillés, conservent leurs fruits plusieurs mois.

Quant aux raisins, on les conserve sur la treille ou au fruitier. Pour les conserver sur la treille, on attend qu'ils soient bien mûrs, on enlève les feuilles du voisinage, on chaperonne le mur et l'on tend des toiles; ou bien encore, on enveloppe les grappes dans des sacs de crin ou de papier, après avoir nettoyé ces grappes des grains pourris. Pour les conserver au fruitier, on place du papier ou de la fougère sèche sur les tablettes et l'on y étend les grappes, ou bien on suspend ces grappes par le petit bout à des cerceaux, au moyen de fil ordinaire ou de fil d'archal contourné en forme d'S. Les raisins coupés avec un morceau du sarment se conservent mieux que les autres.

On conserve encore les fruits par la dessiccation, par le procédé Appert et l'immersion dans l'eau-de-vie, mais les fruits ainsi conservés perdent leurs qualités naturelles et ne sont plus du domaine de la pomologie proprement dite. Nous n'en parlerons donc qu'au chapitre des usages.

Il ne nous reste plus, pour terminer celui-ci, qu'à traiter de l'emballage.

Pour emballer des poires ou des pommes, il suffit de prendre du fin regain bien sec, d'y placer les fruits un à un, de les y enfoncer comme dans des nids, sans qu'ils se touchent, de charger le premier lit de ce même regain, d'y disposer les poires et les pommes comme précédemment et de terminer par une forte couverture de paille que l'on presse bien avec le couvercle du panier ou de la caisse, afin que les fruits ne puissent point bouger pendant le transport. C'est la méthode de M. Hardy et de beaucoup d'autres.

Pour emballer des pêches, des abricots ou des raisins, on se sert d'une caisse très-peu élevée, de façon à n'y établir qu'un seul lit de fruits; puis on garnit le fond de la caisse de rognures de papier sur lesquelles on place chaque fruit, enveloppé de papier de soie. On garnit ensuite les intervalles et l'on charge avec ces mêmes rognures de papier et l'on fixe le couvercle. Pour les pêches et les abricots, d'autres recommandent de les envelopper de feuilles de vignes et de bourrer les vides des caisses avec ces mêmes feuilles, de façon que plus rien ne bouge sous le couvercle.

On emballe les cerises et les groseilles avec des feuilles fraîches, par lits alternatifs, et les prunes avec des orties qui passent pour ménager la fleur.

Aux environs de Paris, on apporte des précautions toutes particulières à l'emballage des fruits. Elles ne contribuent pas peu à favoriser la vente, attendu que le consommateur achète plus volontiers des fruits de bonne mine et coquettement arrangés, que des fruits dont l'emballage a été négligé. La toilette relève la marchandise et ajoute à sa valeur vénale.

XX

DES PRINCIPAUX USAGES DES FRUITS.

FRUITS A PEPINS. — *Poires.* — On mange les poires soit crues, soit cuites, ou bien en compote, ou bien encore séchées au four, avec ou sans leur peau. On s'en sert, en outre, pour préparer un sirop, désigné et très-recherché en Belgique sous le nom de *poiré*, comme on s'en sert en Bourgogne pour préparer l'excellente confiture appelée *raisiné*. Nous n'avons pas à nous occuper ici du cidre de poires, que l'on fabrique avec des fruits de qualité tout à fait inférieure.

On fait cuire les poires au four, dans un pot, avec un peu d'eau et sans enlever la peau. Ordinairement, on ne les met dans ce four qu'après la sortie du pain, et on ne les en retire que le lendemain.

Mais, s'agit-il de préparer les poires pour la compote, il est d'usage de les peler et de les couper en quatre quand elles sont grosses, de les laisser entières quand elles sont petites, et de les placer dans une casserole en terre ou en cuivre avec de

l'eau qui les recouvre, un peu de canelle ou de
l'écorce d'orange ou de citron. On fait cuire à petit feu et réduire l'eau jusqu'à l'état de sirop. Enfin,
on sert les poires cuites sur le compotier et on verse
le sirop dessus. — Par cette méthode, les poires
sont quelquefois un peu fades et exigent une addi-
tion de sucre pendant la cuisson. — De la Bretonnerie, qui avait reconnu ce défaut, conseille une
autre méthode que voici : — ne point peler les
poires, les mettre sur le feu dans l'eau, de façon
qu'elles en soient couvertes, faire cuire jusqu'à réduction en sirop, retirer les poires et les arroser
avec ce sirop. Les meilleures poires à cuire sont
le messire-jean, le martin-sec, le bon chrétien d'Espagne, le bon chrétien d'hiver, le catillac et, assure-t-on aussi, la duchesse d'Angoulême.

Arrivons aux poires sèches. Tantôt, on les fait
sécher simplement au four, sur des claies, après la
cuisson du pain, puis on les met en réserve pour les
cuire au besoin, à la manière des pruneaux. Tantôt,
on les fait sécher pour les convertir en poires *tapées*. A cet effet, on prend le messire-jean, le martin-sec, le beurré d'Angleterre, le rousselet ou
d'autres encore. On enlève la peau que l'on met de
côté; on jette les poires dans l'eau bouillante, pour
les blanchir, puis, au bout d'une minute, on les
retire. On les remplace par les pelures qu'on laisse
bien cuire, après quoi on retire celles-ci à leur tour
pour les presser et en exprimer le jus. On prend
ce jus, on le fait réduire à l'état de sirop épais sur
le feu et on le conserve.

Cela fait, il ne reste plus qu'à dessécher les
poires sur des claies, après la cuisson du pain. On
renouvelle l'opération trois jours de suite, et, le
quatrième jour, avant de les remettre au four pour

la dernière fois, on aplatit chaque poire avec la main et on la trempe dans le sirop, dont nous parlions tout à l'heure. Au sortir du four, les poires tapées sont disposées avec soin dans une boîte, recouvertes de papier et mises en lieu sec.

Pour préparer du *poiré* ou sirop de poires, on fait cuire les fruits avec un peu d'eau, et lorsqu'ils sont bien cuits, on les presse énergiquement pour en extraire le plus de jus possible. Après cela, il ne reste plus qu'à opérer la réduction de ce jus à petit feu.

La préparation du *raisiné* n'offre pas plus de difficulté que celle du poiré. En Bourgogne, à l'époque des vendanges, nous prenons du vin doux, provenant du foulage des raisins blancs, et un cent de poires cassantes par seau de vin, soit messire-jean, soit martin-sec et quelques coings. Nous faisons bouillir ce vin dans un grand chaudron, à petit feu, et, pendant que l'ébullition se fait, nous pelons poires et coings et les coupons par quartiers.

Lorsque le vin est réduit de moitié, nous versons les quartiers de fruits dans le chaudron et les laissons cuire, à petit feu toujours, jusqu'à ce que nous trouvions la confiture assez épaisse. C'est souvent une besogne de toute une journée. — Disons en passant que le sucre ajoute à la qualité du raisiné.

Une fois le raisiné cuit, on le met en pots, puis on attend qu'il se refroidisse, et dès que le refroidissement est complet, on découpe des rondelles de papier, du diamètre des pots, on mouille bien ces rondelles avec de l'eau-de-vie de Cognac ou de Languedoc; on place ces rondelles mouillées sur les confitures, pour qu'elles ne moisissent pas, et enfin, l'on recouvre définitivement.

Dans les contrées où le vin doux n'existe pas, dans l'Ardenne belge, par exemple, nous procédons autrement pour préparer le raisiné. Nous prenons des poires cassantes et des coings que nous préparons comme précédemment. Nous faisons bouillir les pelures dans de l'eau ; puis nous les retirons, les pressons et les jetons. Dans cette eau de cuisson, nous mettons ensuite nos quartiers de poires et de coings, et faisons bouillir doucement jusqu'à réduction convenable. Vers la fin de la cuisson, on fera bien de verser une bouteille de bon vin rouge dans la confiture et d'ajouter un peu de sucre.

Pommes. — On mange les pommes crues ou cuites. On peut également les faire sécher, mais elles perdent beaucoup de leurs qualités. Nous ne pouvons, en conscience, recommander que la marmelade et la gelée de pommes. Cette marmelade consiste en pommes, cuites avec un peu d'eau, du sucre, de la cannelle ou du zeste de citron, et écrasées avant d'être servies. Les marmelades faites avec du beurre ou de la graisse, ainsi que les ronds de pomme cuits dans le beurre et saupoudrés de sucre, forment une friandise de table très-recherchée dans le nord de la France et en Belgique.

La gelée de pommes jouit d'une grande réputation. Nous empruntons à madame Millet-Robinet les détails de sa préparation : — « La reinette franche, dit-elle, bien saine et pas très-mûre, comme elle est quand on vient de la cueillir, est l'espèce la plus convenable. On pourrait aussi employer la calville, mais cette espèce convient moins. Le mois d'octobre ou le commencement de novembre est l'époque la plus convenable pour faire de *belle gelée* de pommes ; on peut en faire beaucoup plus tard d'aussi bonne, mais elle est moins blanche.

» On remplit la poêlette d'eau bien claire et bien incolore, on essuie les pommes et on les coupe par quartiers sans les peler; on se borne à ôter la queue et l'œil, on les jette à mesure dans cette eau, dans laquelle elles doivent baigner grandement et à laquelle on a ajouté le jus d'un citron ou deux, s'il y a beaucoup de pommes. Cinquante pommes de grosseur moyenne peuvent, avec le sucre qu'on y joint, faire 5 à 6 kilog. de confiture. Aussitôt qu'on a préparé assez de pommes pour la quantité de gelée qu'on veut faire, on verse l'eau dans laquelle elles ont été jetées pendant qu'on les coupait et l'on verse par-dessus de nouvelle eau, aussi limpide, en assez grande quantité pour que les pommes baignent bien. On pose la bassine sur un feu très-vif et on la *couvre avec soin*. On n'y touche plus. Lorsque les pommes sont cuites sans être en marmelade, ce qui est assez prompt, on verse le tout sur un tamis placé sur un vase destiné à recevoir le jus. On laisse égoutter 15 à 20 minutes, on verse le jus dans la bassine qu'on a le soin de tarer à l'avance, et on y ajoute 625 grammes de très-beau sucre concassé menu pour 500 de jus. On exprime le jus de deux citrons pour la quantité de pommes indiquée, en ayant soin d'ôter les pepins. On met sur un feu très-vif et on laisse bouillir pendant un quart d'heure; après quoi on verse dans des pots de petite dimension.

» Ordinairement, la gelée de pommes se parfume avec du zeste de citron, parce qu'elle a naturellement peu de parfum; pour cela, on emploie la peau des citrons dont on a exprimé le jus; on les pèle avant d'en exprimer le jus; on coupe cette

peau en petites lanières, et on les met cuire dans
un verre d'eau, jusqu'à ce qu'elles cèdent facilement sous l'ongle; on verse les lanières et l'eau,
dans laquelle elles ont cuit, dans la bassine, quelques instants avant de retirer la confiture du feu;
on répartit les lanières entre les pots; elles sont
fort agréables à manger. »

Coings. — Nous venons de voir que les fruits du
cognassier interviennent dans la fabrication du raisiné; nous ajouterons qu'ils servent, en outre, à la
préparation d'une gelée délicieuse, d'un ratafia fort
estimé dans les ménages, et d'une pâte délicate.

On prépare la gelée de coings comme la gelée de
pommes dont il vient d'être parlé, sans qu'il soit
besoin d'y ajouter ni jus ni écorce de citron, car
elle est assez parfumée naturellement. La pulpe qui
reste, après l'expression du jus de coings, ne doit
pas être perdue. On l'emploie pour faire la pâte ou
cotignac, dont nous parlerons tout à l'heure.

Nous prenons donc cette pulpe de coings et la
faisons passer à travers un tamis, avant de la remettre sur le feu. Une fois sur le feu, nous la remuons sans cesse pour en chasser l'eau et empêcher
qu'elle ne s'attache au fond de la bassine. Dès que
cette pulpe en marmelade s'est bien épaissie, nous
l'enlevons du feu et de la bassine, et la laissons refroidir sur des assiettes. Aussitôt refroidie complétement, nous y ajoutons du sucre en poudre, trois
livres environ pour une livre de pâte; nous mêlons
bien le tout avec les mains, et, le mélange fait,
nous l'aplatissons sur une table avec un de ces
rouleaux de bois qui nous servent à aplatir la pâte
de tarte; seulement, au lieu de saupoudrer de farine
pour empêcher l'adhésion de la pâte au rouleau,
nous saupoudrons avec du sucre pilé. Quand la pâte

de coings est très-aplatie, on la découpe sous diverses formes, on la place sur du papier saupoudré de sucre ; on la met au four 6 ou 7 heures après la cuisson du pain, on l'en retire le lendemain ; on la laisse refroidir et on l'enferme dans des boîtes.

Quant au ratafia ou *eau de coings*, comme nous disons en Bourgogne, il est rare de rencontrer plusieurs ménagères qui le préparent exactement de la même façon. Les unes le veulent fort, les autres doux et aromatisé. Cependant l'ensemble du procédé est le même pour celles-ci que pour celles-là. Voici donc la façon d'opérer :

Nous prenons des coings très-mûrs ; nous les pelons, les râpons et en exprimons le jus que nous faisons cuire avec du sucre, un quart ou une demi-livre de jus, selon les goûts. D'aucuns même aromatisent avec de la cannelle et du macis, mais c'est le petit nombre. Au bout de 20 à 30 minutes d'ébullition, nous retirons du feu, nous laissons refroidir et nous ajoutons du cognac ou du languedoc, litre pour litre de jus et souvent même deux litres d'eau-de-vie par litre de jus.

Le ratafia de coings, mis en bouteilles et dans l'armoire, n'est servi qu'au bout d'un an. Il gagne beaucoup en vieillissant.

FRUITS A NOYAUX. — *Abricots.* — Avec les abricots, nous ne préparons que des marmelades excellentes, des pâtes recherchées et des conserves à l'eau-de-vie assez médiocres.

Pour la marmelade, nous prenons des abricots de plein vent, dans le midi, et, dans le nord, des abricots d'espalier, qui les valent bien. Nous les partageons en deux et mettons les noyaux de côté. Nous pesons ces abricots, afin de connaître la quantité de sucre à ajouter, quantité égale à celle

des abricots, livre pour livre. Nous faisons cuire
ensuite nos fruits dans une bassine sur un feu doux,
avec un demi-verre d'eau, et ne cessons pas de
remuer. Au bout de 10 à 12 minutes, nous retirons
les abricots du feu et les écrasons sur une passoire,
afin d'en séparer la peau. Ensuite, nous prenons
la pulpe et un quart des amandes de leurs noyaux,
dépouillées de leur peau en les passant à l'eau
bouillante; nous ajoutons la quantité de sucre indiquée; nous mettons le tout sur un feu léger et
remuons jusqu'à ce que la spatule ne rencontre
plus de morceaux de sucre et que la marmelade
bouille. Après cela, nous activons le feu durant
un quart d'heure environ, et la marmelade est faite.
Nous la versons dans les pots et la laissons refroidir
pendant plusieurs jours. En dernier lieu, nous
plaçons sur chaque pot de marmelade une rondelle
de papier blanc imbibé d'eau-de-vie, et couvrons
par-dessus, à la manière accoutumée.

La pâte d'abricots constitue une industrie de
l'Auvergne. On commence par diviser les fruits
pour en détacher les noyaux, puis on les fait cuire
un peu, afin de mieux séparer la peau de la pulpe
en les pressant sur un tamis. Quant au reste de la
préparation, elle ne diffère en rien de celle de la
pâte de coings, dont nous vous avons entretenus.

Les conserves d'abricots à l'eau-de-vie se font
de la manière suivante :

On cueille les fruits avant qu'ils soient tout à
fait mûrs, alors qu'ils sont bien fermes, et on les
troue de toutes parts avec une épingle jusqu'au
noyau, afin que le sirop et l'eau-de-vie puissent
bien les pénétrer. On met ensuite ces abricots dans
une terrine et l'on prépare le sirop avec deux kilog.
de sucre par litre d'eau. Nous suivons en ceci la

16.

méthode indiquée par madame Millet-Robinet.
Nous faisons bouillir cette eau sucrée, la versons
sur les abricots et nous arrangeons de façon qu'ils
y plongent bien. Le lendemain, nous séparons
les fruits du sirop et faisons bouillir vivement
celui-ci pendant un quart d'heure, et le versons
de nouveau sur les abricots. Le lendemain, on
verse abricots et sirop dans la bassine et l'on
chauffe vivement. On retire promptement les fruits,
on les met dans un bocal, et on continue de laisser
cuire le sirop que l'on verse ensuite sur les abricots.
Puis, quand le refroidissement est complet, on
ajoute un litre et demi d'eau-de-vie par centaine
de fruits.

Pêches. — Si l'on trouve toujours à se défaire
plus ou moins avantageusement des belles pêches
d'espalier, il n'en est pas précisément de même
pour nos pêches de vignes ou de plein vent, dans
les années d'abondance. Elles tombent à vil prix,
en sorte qu'il est bon de songer aux conserves. On
fait alors de grandes provisions de pêches dessé-
chées au four, des marmelades et des pêches à
l'eau-de-vie.

La dessiccation n'a rien de difficile. On prend
des pêches mûres ; on les met au four après la cuisson
du pain, et, dès qu'elles sont amorties, on les retire,
on les fend rapidement avec un couteau pour en
sortir les noyaux ; puis on les aplatit, on les arrange de nouveau sur la claie, on les remet au four
pour augmenter le degré de dessiccation ; après
quoi on les retire définitivement pour les aplatir de
nouveau et les conserver en caisse. Cette conserve
n'est pas des plus délicates ; cependant, on la sert
sur certaines tables en la saupoudrant de sucre.
Dans nos campagnes de la Bourgogne, on se sert de

pêches sèches pour préparer une piquette qui n'est point désagréable. On les jette dans une futaille, défoncée par un bout et assise sur l'autre bout ; on verse de l'eau dessus, et, au bout de quinze jours ou trois semaines, on boit la piquette en question.

On prépare la marmelade de pêches comme celle d'abricots, mais elle ne la vaut pas.

Quant aux pêches à l'eau-de-vie, on s'y prend exactement aussi comme pour les abricots, mais on commence par enlever avec un linge le duvet qui les recouvre.

Prunes. — On fait, avec les prunes, des pruneaux, des confitures, des conserves à l'eau-de-vie, et de l'eau-de-vie par la distillation.

Pour faire des prunes sèches ou pruneaux, on prend les prunes de Sainte-Catherine, les prunes d'Agen et les quetchs, de préférence aux autres variétés. On secoue les arbres, on ramasse les fruits mûrs ; on les place sur des claies, on les porte au four après que le pain en a été retiré, et on renouvelle cette douce cuisson jusqu'à trois ou quatre fois, en ayant soin de retourner les prunes à chaque fois et de les changer de claies.

Pour faire les belles prunes de dessert, on fend les prunes avant de les mettre au four pour la seconde fois, et on en chasse les noyaux en les aplatissant avec la main. La fleur ou plutôt la couche farineuse qui caractérise certains pruneaux, s'obtient en garnissant la porte du four avec la *mercuriale annuelle*, plante très-commune qui, en se desséchant, jette des vapeurs et *fleurit* les pruneaux.

La confiture ou marmelade de prunes se prépare de la même manière que celle d'abricots. On prend, à cet effet, la mirabelle, la reine-Claude et les perdrigons.

Les prunes à l'eau-de-vie se font comme les conserves d'abricots. Quant à l'eau-de-vie de prunes, qui fait concurrence au kirsch, sans trop de désavantage, nous n'avons pas à nous en occuper ici. Ce produit rentre dans les attributions du distillateur.

Cerises. — On prépare des cerises sèches, des compotes de cerises, des confitures de cerises, des cerises à l'eau-de-vie, du ratafia et du vin de cerises.

On fait sécher les cerises comme les prunes, mais, le plus souvent, en conservant les queues.

Pour faire la compote, on prend des cerises griottes bien mûres, et le quart à peu près de leur poids de sucre. On fait fondre ce sucre dans un peu d'eau et l'on y verse les cerises. Aussitôt cuites, on les retire, on les place sur une assiette ou un compotier et on les arrose de leur jus sucré, après l'avoir laissé convenablement réduire.

La confiture de cerises est d'une préparation très-simple. Nous prenons des griottes parfaitement mûres ; nous enlevons queues et noyaux. Puis nous les pesons afin de mettre avec elles dans la bassine poids pour poids de sucre concassé. Nous remuons le tout jusqu'à ce qu'il y ait assez de jus pour que les cerises n'adhèrent pas au fond de la bassine, et, après une demi-heure d'ébullition, la confiture est faite. On pourrait diminuer la quantité de sucre, mais alors on devrait prolonger l'ébullition au delà d'une heure.

Pour les conserver à l'eau-de-vie, on prend des griottes qui ne soient pas très-mûres, et on les traite à la manière des abricots.

Pour le ratafia, on prend des griottes ou cerises aigres bien mûres, que l'on fait cuire. Ensuite, on en exprime le jus sur un tamis ou au travers d'un linge; on sucre le jus à raison de deux tiers de livre de sucre au moins par livre de liqueur ; on donne un seul bouillon ; on laisse refroidir à moitié, après quoi on ajoute de l'eau-de-vie. Autant de jus, autant d'eau-de-vie.

On trouvera la recette du vin de cerises dans le *Traité des arbres* de Duhamel. Nous n'y attachons pas assez d'importance pour la reproduire.

Fruits divers. — *Groseilles.* — Dans toute la Belgique, dans le nord de la France et en Angleterre, on consomme la plupart des groseilles à maquereau avant leur maturité. On en garnit des tartes. Quant aux groseilles à grappes, on les laisse mûrir à titre de fruits de dessert, et l'on s'en sert pour préparer une excellente gelée que tout le monde connaît. Pour cela, on prend des groseilles bien mûres; on égrappe; on exprime le jus au moyen d'un linge, on pèse le jus que l'on met dans la bassine, puis on y ajoute du sucre concassé, poids pour poids. On fait bouillir vivement, jusqu'à ce que le jus ait pris une certaine consistance et qu'il se fige sur une assiette. C'est l'affaire de 15 à 20 minutes. Il ne reste plus qu'à mettre en pots.

On fait, en outre, avec la groseille un sirop estimé. Pour cela, nous prenons 2 kilog. de groseilles rouges, un demi-kilog. de framboises. Nous écrasons le tout dans une terrine et laissons fermenter 24 heures. Après cela, nous prenons une serviette mouillée que nous posons sur un tamis de crin, et nous versons dessus le mélange de la terrine, en exprimant très-légèrement. Nous rinçons ensuite la serviette et filtrons de nouveau le jus qui passe très-limpide. Nous le pesons, le versons dans une bassine et y ajoutons un kilog. de sucre blanc concassé pour 532 grammes de jus.

Après trois ou quatre bouillons, nous retirons le sirop du feu, nous l'écumons, le versons dans une terrine, puis dans les bouteilles quand il est refroidi.

Avec la groseille noire, on fait une liqueur connue sous le nom de cassis. Il suffit, à cet effet, d'égrener des cassis bien mûrs, de les faire infuser dans de l'eau-de-vie, à raison d'une livre par litre d'eau-de-vie. Au bout de deux mois, on écrase, on filtre et l'on ajoute un sirop de deux livres et demie de sucre blanc pour quatre litres de jus. On filtre au papier et l'on met en bouteilles.

Épine-vinette. — Ce fruit nous donne une excellente confiture. Nous la préparons comme il suit. Alors que les grappes sont bien mûres, vers la fin d'octobre, nous les égrenons et les mettons dans une bassine avec de l'eau en quantité suffisante pour les recouvrir. Nous laissons bouillir un quart d'heure ou 20 minutes, après quoi nous retirons l'épine-vinette et l'écrasons et la pressons sur un linge ou un tamis. Le jus qui en provient est pesé aussitôt et remis sur le feu avec une livre et demie de sucre concassé par livre de jus. Au bout d'un quart d'heure d'ébullition, ou mieux dès que la mousse monte en bouillant, la confiture est faite. Il ne reste plus qu'à écumer et à mettre en pots.

Framboise. — On prépare avec ce fruit une gelée délicate que nous recommandons à nos lecteurs. Dès que les framboises sont mûres, on les écrase, on en exprime le jus dans un linge humide; on verse le jus dans une bassine avec trois quarts de sucre par livre de jus, et on fait bouillir pendant un quart d'heure ou 20 minutes. Il n'y a plus qu'à retirer la bassine du feu et à verser dans les pots.

Noix. — Nous terminerons ce chapitre par la recette du brou de noix. On prend de petites noix qui ne soient pas assez formées, en sorte qu'une épingle puisse passer à travers. On les pile et on les met infuser pendant deux mois avec de l'eau-de-vie. Après cela, on filtre au tamis et l'on reçoit la liqueur dans un vase. On y verse ensuite du sucre. On laisse reposer trois mois, on filtre et on met en bouteilles.

FIN.

TABLE DES MATIÈRES.

———

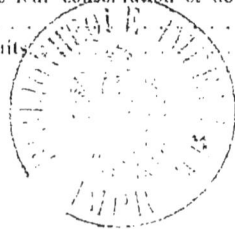

Émile Tarlier, Éditeur, Montagne aux-Herbes-Potagères, 47, Bruxelles

BIBLIOTHÈQUE RURALE,

INSTITUÉE PAR LE GOUVERNEMENT BELGE.

www.ingramcontent.com/pod-product-compliance
Lightning Source LLC
Chambersburg PA
CBHW060536210326
41519CB00014B/3239